KB162869

가고픈 성서의 땅

2

요르단

일러두기

■ 요르단 지명이나 인명은 우리에게 익숙한 일부 단어를 제외하고는 요르단 아랍어 발음 원칙에 따라 소리 나는 대로 적었다. 성경에 나오는 요르단 지명이나 인명 표기는 성경전서 개역한글판 표기를 따랐다.
■ 이 책에서 사용하는 '요단'은 요단강을, '요르단'은 국가 요르단을 가리킨다.
■ 지역 안내는 암만을 중심으로 하여 성경에 등장하는 왕국과 지역으로 정리하여 실었다. 한 장소가 특정한 왕국이나 시대에 국한되지 않고 겹치는 것은 피할 수 없었다.
■ 요르단 유적지 대부분은 발굴과 복원 작업이 마무리되지 않아 계속적인 연구가 필요하다.
■ 이 책에 실린 사진 대부분은 저자가 직접 촬영하였으며, 3, 4, 5, 8, 18, 25아래, 55오른쪽, 95위, 중앙, 126, 302아래, 306, 311, 322, 332, 334, 337아래, 346, 375, 376쪽의 사진은 사진작가 변승우가 촬영하였다. 저작권법에 의해 보호받는 저작물이므로, 저작권자의 서면 동의 없이는 무단 전재와 복제를 할 수 없다.

가고픈 성서의 땅 2

요르단- 예수님의 세례터를 찾아서

글쓴이 김동문
펴낸이 정애주

편집 이현주 한미영 한수경 김혜수 최강미 김기민 신지은
미술 권진숙 서재은 조은애 문정인
제작 홍순흥 윤태웅
영업 오민택 국효숙 이재원 김경아 이진영
관리 이남진 안기현
총무 정희자 마명진 김은오

펴낸날 2008. 1. 11. 초판 발행
       2008. 4. 11. 2쇄 발행

펴낸곳 주식회사 홍성사
1977. 8. 1. 등록 / 제 1-499호
121-883 서울시 마포구 합정동 196-1
TEL. 02) 333-5161 FAX. 02) 333-5165
http://www.hsbooks.com   E-mail : hsbooks@hsbooks.com

ⓒ 김동문, 2008

ISBN 978-89-365-0768-8
값 25,000원   ※잘못된 책은 바꿔 드립니다.

가고픈 성서의 땅

2

요르단

예수님의 세례터를
찾아서

김동문 지음

9250여 년 전, '아인 가잘' 문명이 있었다. 아인 가잘 문명은 BC 7250년에
얍복 강변에서 시작되었고, 요르단 문명은 여기서 비롯되었다.

홍성사

차 례 CONTENTS

여는 글

하나님이 일하시는 성경의 땅, 요르단!

91년 봄, 걸프전쟁 직후 요르단에 처음 발을 디뎠다. 이후 지금까지 요르단과 생활을 같이하고 있는데, 요르단은 알수록 더 재미있는 곳이다. 더욱이 성경을 이해하는 데 더없이 중요한 퍼즐의 한 조각이다. 요르단을 모르고는 성경을 온전히 이해했다고 할 수 없다. 이 책은 요르단 안팎에서 여러 모양으로 요르단을 만나기 원하는 이들을 위해 집필했다. 요르단의 성지 가운데 성경을 읽으면서 가장 익숙한 장소를 중심으로 구성하였고, 일반인도 쉽게 소화할 수 있는 편안하고 상식적인 내용을 담았다.

우선 성경지명사전이나 백과사전식 나열을 피했다. 또 특정 장소에 몰입하기보다는 그 장소를 둘러싼 환경과 문화를 이해할 수 있도록 서술했다. 이를 바탕으로 독자들이 성경을 재음미하기 바란다. 이렇게 집필을 한 데는 특정 장소에 매이는 성지 순례, 몇몇 잘 알려진 장소를 찾아가는 성지 순례가 아닌 성경의 무대에 함께 서 보는, 체험이 있는 성지 탐사를 지향하고 싶었기 때문이다.

2000년에 요르단 거주 한인들을 위하여 임시판 책자 〈혼자서도 할 수 있는 요르단 문명 탐험〉을 펴낸 이후 7년 만의 결과물이다. 여러 해에 걸쳐 찍은 사진 자료가 컴퓨터 고장으로 인해 없어지는 아픔도 있었다. 현지 정보는 구체적이고 가장 최근 것일수록 유익함에도, 요르단의 최근 상황에 맞게 꼼꼼하게 다듬는 것이 쉽지 않은 작업이었다. 아울러 좀더 깊이 있게 검토하고 현장 답사를 해야 하는 장소들도 적지 않았다. 그만큼 성경의 땅 요르단에는 아직도 둘러보아야 할 곳이 많다. 이곳에 산 지 8년여가 넘었지만 아직도 중요 유적지 3분의 1 정도만 겨우 보았을 뿐이다. 이 땅에 대한 호기심이 커 갈수록 책상 한켠에 검토해야 할 자료들이 쌓여 간다. 그럼에도 이제는 책을 마무리해야 할 것 같다. 완벽한 책을 만들려다 보면 책은 아예 태어나지 않을 것을 알기 때문이다.

미적미적 원고를 마무리하지 못하고 끙끙거리는 나를 독려해 준 아내 세경과 어린 나이부터 아빠 손 잡고 무너진 돌무더기 가득한 곳을 동행해 준 큰아이 하언, 그리고 작은아이 하림에게도 사랑을 전한다. 요르단 관광부와 요르단 인포메이션센터(공보국) 관계자들에게도 고마운 마음이다.

홍성사에서 펴내는 〈가고픈 성서의 땅〉 시리즈를 통해 중동과 성경의 땅이 독자들에게 좀더 친근하게, 좀더 구체적으로 다가설 수 있기를 기대한다. 이 책을 읽는 이들에게 요르단이 하나님이 일하시는 성경의 땅으로 새로이 다가섰으면 좋겠다. 무엇보다도 요르단 안팎에 사는 이들 가운데서도 하나님께서 늘 역사하고 계심을 느낄 수 있다면 더욱 좋겠다.

2007년 9월
암만 칼다에서
김 동 문

갈릴리 호수
골란
시리아
이라크
지중해
요단강
바산 지방
길르앗 지방/데가볼리
사해
암만
암몬 왕국
이스라엘
이모리 왕국
모압 왕국
사우디아라비아
애돔 왕국
이집트
페트라
나바트 왕국
홍해

성지 요르단에 가다

요르단은 서구인들에게는 이미 매우 잘 알려진 주요 성지 가운데 하나다. 고맙게도 최근 한국도 요르단에 높은 관심을 보이고 있다.

"요르단에도 성지가 있나요?"

이런 질문을 참 많이들 하는데, 대답은 성경 안에 있다. 구약에서 이스라엘 다음으로 가장 많이 언급되는 지역은 어디일까? 바로 요르단이다. 출애굽 여정 후반부는 물론이고 사사 시대와 통일왕국 시대를 거치면서 요르단은 성경의 주요한 무대였다. 현재 발굴된 주요 성지만 해도 100여 곳이 넘으며, 성경에 언급되는 장소는 무려 400여 곳에 이른다.

요르단 지역이 성경에 처음 등장한 것은 소돔 고모라 사건 직전이다. 아브라함이 이동 중에 이 지역을 지나갔고, 롯이 살던 소돔이 바로 요르단 남부 지역에 속해 있다. 야곱이 밧단 아람을 오갈 때도 요르단을 거쳐 갔다. 또한 예수님과 모세, 그리고 엘리야와도 관계가 깊은 곳이다.

예수님은 요르단 지역에서 공생애를 시작하셨고, 마무리도 이곳에서 하셨다. 요단강 건너편 베다니(알마그타스)에서 세례를 받으셨고, 예루살렘으로 마지막 여행을 떠나시기 직전에 이곳에 머무셨다. 이것은 당시 갈릴리와 예루살렘을 오가던 일반적인 이동 경로였다. 예수께서 자주 오가셨던 요르단 북부의 데가볼리, 유대인의 박해를 피해 건너오셨던 요단강 건너편(요르단) 방문 등을 정리해 볼 때 예수님이 공생애 동안 요르단 땅을 밟으신 시간은 10개월 정도 된다.

모세는 모압 평지까지 이스라엘 백성을 인도했다. 아르논강 북쪽 지역부터 오늘날 요르단과 시리아의 접경 지역까지 모두 점령한 것이다. 모세는 요단강 동편에 자리한 느보산 자락에서 사역을 마무리하고 소천했다. 이후 이스라엘 12지파 가운데 먼저 므낫세 반 지파(므낫세의 반쪽 지파)와 르우벤 지파, 갓 지파가 요르단 동편 땅을 분배받았다. 다윗 시대 이후에는 길르앗 지방이 이스라엘 역사에서 중요한 역할을 감당해 왔다.

엘리야는 요르단 북부 길르앗 지방 디셉(현 지명 리스팁) 출신으로 선지 시대에 중심 역할을 감당했는데, 그가 전환점을 맞이한 그릿 시내도 요단강 가까이 있다. 아울러 엘리야가 회리바람을 타고 승천한 장소도 여리고 맞은편, 즉 요단강 동편 모압 평지의 한 장소였다. 엘리야는 요르단에서 사역을 시작하고 마무리한 것이다.

세례 요한은 요단강 건너편 베다니를 중심으로 회개의 세례 운동을 시작했고, 요르단의 헤롯 별궁 마캐루스(무캐위르)에서 헤롯 왕에 의해 죽임을 당했다. 그리고 사도 바울은 이방인을 위한 사도로서의 사역을 시작하면서 이곳의 아라비아(페트라) 광야에 머물렀는데, 이 일로 나바트 왕국의 아레다 왕(4세)에게 노여움을 사고 말았다.

한편 요르단은 엄청난 역사 유물과 유적을 간직한 인류문화유산의 보고이기도 하다. 고대부터 '왕의 대로'(King's Highway)가 요르단을 남에서 북으로 길게 잇고 있다. 이 대로는 일종의 국제 도로로, 낙타에 짐을 싣고 오가는 대상(隊商: 성경에서는 '상고'로 표기했다. 영어로는 '카라반'이다)들의 무역로였다. 이집트, 시리아, 이라크의 바벨로니아, 터키의 히타이트 등 여러 제국이 이 대로를 이용해 군대를 이동시키고 문물을 수송했다.

20

TIP 왕의 대로: 오늘날 요르단의 남북을 연결하는 중앙 국도를 말한다. 구약 시대에 에돔과 모압 지방, 길르앗 지방을 잇는 가장 중요한 도로였다. 시리아의 다마스커스도 왕의 대로를 따라 연결되었다.

구약 시대

구약 시대에는 요르단이 크게 모압, 암몬, 아모리, 에돔 왕국 등 네 부분으로 나뉘어 있었다. 야르묵강과 아르논강(와디 엘무집), 세렛강(와디 엘헤사)과 얍복강(나흐르 엣 자르까) 등 4대 주요 강(시내)에 따라 나눈 자연적·지역적 경계이기도 했다. 요르단 동북쪽이 '암몬'이며, 요르단 중부에 해당하는 사해 동쪽은 '모압', 암몬 왕국과 모압 왕국 사이에 자리한 '아모리', 그리고 사해 남쪽이 '에돔'이다.

성경의 맥을 따라 구약 시대의 요르단 지역을 나누어 보면 다음과 같다.

- 바산골란 고원 : 요르단 최북단은 바산골란 고원 지역으로, 갈릴리 호수 남단 동쪽에 위치한 야르묵강의 북쪽을 말하며 므낫세 반 지파에게 분배되었다.

- 길르앗 산지 : 야르묵강에서부터 아르논강까지는 길르앗 산지라 하여 갓 지파와 므낫세 반지파에게 분배되었다.

- 모압 : 모압은 국력이 약할 때는 아르논강과 세렛강 사이에 자리했고, 국력이 강성해지자 아르논강을 넘어 오늘날의 쌀트 지역에 자리한 갓 골짜기(와디 슈아이브)까지 영토를 넓혔다.

- 에돔 : 에돔은 세렛강 이남 지역으로 홍해(아카바 만, 에시온게벨)까

왕의 대로.

지의 남쪽 부분과 아라바 광야 건너편 남방 지역까지 장악했다.

● 암몬: 암몬 지역은 길르앗 산지의 얍복강까지와 아르논강 북동부 지역을 기반으로 자리했다. 힘이 강성해지자 얍복강 북쪽 길르앗 지역과 요단강 서편 지역, 남으로는 아르논강 북쪽 지역까지 영역을 넓혔다.

물론 지역(왕국) 경계를 정확하게 규정 짓기는 힘들다. 각 시대마다 지역 명칭이 달라지기도 하고, 경계선 또한 유동적이기 때문이다. 게다가 명칭을 어느 때는 좁은 의미로, 어느 때는 넓은 의미로 혼용해서 사용하기도 한다.

신약 시대

신약 시대에는 가다라(움므 께이스)와 거라사(제라쉬)로 이루어진 데가볼리 지경과, 요단강 골짜기 동부 지역인 베레아(성경은 요단강 건너편으로 적고 있다)와 이두매 지방이 요르단에 속해 있었다.

데가볼리 지경의 여러 도시 가운데 가다라와 거라사만이 성경에 이름이 언급되어 있다. 그렇지만 당시 유대인들이 사마리아 지역을 경유하지 않고 유대와 갈릴리를 오갔던 점을 고려할 때, 펠라나 인근 다른 지역도 경유했을 것으로 보인다.

베레아 지방은 세례 요한과 예수님의 사역과 깊은 관련이 있다. 세례 요한의 '세례와 회개 운동'의 현장인 요단강 건너편 베다니가 베레아 지방이었고, 예수님도 이곳을 자주 찾으셨다. 세례 요한이 죽은 마캐루스 여름 궁궐도 베레아 지방에 속해 있었다.

요르단의 볼거리들

요르단 성지 답사에는 몇 가지 특징이 있다. 첫째, 다른 곳과 달리 요르단의 주요 성지는 기념교회들로 넘쳐나지 않는다는 점이다. 기넘교회를 따라가는 여행은 자칫 그 장소나 성경 속 사건이 안겨 주는 깊은 맛을 느끼는 데 걸림돌이 되기도 한다. 하지만 요르단은 그렇지 않아서 성경의 무대가 자연스럽게 다가온다.

둘째, 요르단에는 성경에 등장하는 문화들이 지금도 살아 움직인다. 들판으로 나가면 목자와 양과 염소가 어우러져 있고, 성경 시대 사람들의 생활 풍속은 물론 자연 환경도 그때와 크게 다르지 않다. 크게 개발되지 않은 덕에 그 옛날의 성경문화를 거의 그대로 맛볼 수 있는 것이다. 무엇보다 예나 지금이나 다름없는 유목민들의 생활 풍경을 바라보고 있노라면, 성경의 배경으로 항상 등장하는 목자들의 풍습이나 그 언어의 의미가 새삼스럽게 다가온다. 요르단은 그야말로 살아 있는 성경 학습장인 것이다.

마지막으로 요르단은 중동의 맛을 느끼면서 휴식하려는 이들에게 많은 볼거리와 다양한 경험을 안겨 준다. 중동 국가답지 않게 한여름에도 밤은 시원하고 한겨울에는 눈도 볼 수 있다. 한편 요르단에는 성경 속 성지뿐만 아니라 볼 만한 고고학적 유적들도 많다.

성경 시대를 보는 듯한 양떼 풍경. 요르단에서는 이런 모습을 흔히 볼 수 있다.

성지 답사 코스

요르단 성지 답사길은 크게 두 가지 경로가 있다.

첫 번째는 출애굽 여정을 따라가는 것으로, 성경의 땅 답사자들이 주로 찾는 기본 코스다. 에시온게벨(요르단 남부 아카바)을 떠난 이후 여리고(오늘날 이스라엘이 점령한 팔레스타인 자치 도시인 아리이하)에 입성하기 전까지의 과정들이 펼쳐진다. 구약성경 이해를 돕는 다양한 장소들이 있는데, 소돔과 고모라 사건의 현장인 롯의 동굴과 소알 지역(고르 엣사피), 동방의 의인이라 불리던 욥의 성읍, 솔로몬의 무역로로 대활약한 아카바(에시온게벨) 등이다. 이 현장을 따라 여행하노라면 모압, 암몬, 에돔 땅에서 일어난 성경 속 사건들을 음미해 볼 수 있다.

두 번째 경로를 따라 답사를 하면 성경 이해에 좀더 도움이 된다. 룻기의 서막을 알게 하는 모압 들판, 기드온의 전쟁터 바가 평원, 신약 시대 예수의 행적이 나타나는 거라사와 가다라, 느헤미야의 암몬 사람 도비야 등이 느헤미야 일행을 비난하고 조롱했던 와디 엣시르의 도비야의 동굴(이라끌 아이르) 등을 만날 수 있다.

유적 답사 코스

요르단에는 고고학적 유적들이 상상할 수 없을 만큼 많은데, 등록된 유적지만 해도 12만 곳 이상이며 약 60만 곳으로 추정한다. 제라쉬, 케락, 암만과 페트라 등지에서 고고학 발굴 작업이 한창 진행 중인데, 원한다면 이 작업에 직접 참여할 수 있다.

1962년에 세워진 '고고학의 친구들'(FoA: Friends of Archaeology, http://www.foa.com.jo)이나 암만 'ACOR'(American Center of Oriental Research)의 활동에 참여하면 이 지역, 특히 암만 지역 고고학 연구와 발굴 작업에 직접 동참할 수 있다. 가입 제한은 없으며 해마다 회비를 내면 회보를 받아 볼 수 있다. 행사에 참여하고 싶을 때는 실비만 부담하면 된다.

요르단 곳곳에서 성경 속 모습과 함께 상상할 수도 없을 만큼 많은 고고학적 유적들을 만나볼 수 있다.
아래는 요르단 중부의 마다바 거리 풍경.

위_ 요르단 전통복을 입은 여성들.
아래_ 요르단 대학 앞에서 만난 젊은이들.

알아두면 좋은 단체:American Center of Oriental Research http://www.bu.edu/acor, P.O. Box 2470 Amman 11181, Fax:962-6-534-4181, Tel:962-6-534-6117, E-mail:ACOR@go.com.jo
British Institute Council for British Research in the Levant, P.O. Box 519 Al-Jubeiha, Amman Jordan 11941, Fax:962-6-533-7197, Tel:962-6-534-1317, E-mail:n.qaisi@cbrl.org.uk
German Protestant Institute/Protestant German Institute(GPI), Fax:962-6-533-6924, Tel:962-6-534-2924, E-mail:gpia@go.com.jo
French Institute(IFPO-Amman) Institut Françis du Proche-Orient(IFPO) Fax:962-6-4643-840 Tel:962-6-4611-872/3 E-mail:ifapo-jor@nets.com.jo
Spanish Archaeological Mission/Spanish Archaeological Mission P.O. Box 454 (c/o The Spanish Embassy) Middle Amman 11118, Jordan. Fax:962-6-462-2140 Tel:962-6-465-5889

역사 산책

그리스 로마 문명이 어떤 과정을 통해 아랍화되었으며, 중동에서의 기독교 역사는 어떤 모습으로 이어져 내려왔는지 살펴볼 수 있다. 아울러 고대로부터 면면히 계속된 이슬람 문화 산책은 필수다.

지금도 끊임없이 발굴되는 다양한 고고학적 자료들을 현장에서 직접 접하는 일은 큰 도전이 아닐 수 없다. 로마 데카폴리스(데가볼리)의 상황을 직접 느끼고, 팍스 로마의 실상을 생생하게 만난다. 또한 십자군 전쟁의 이면이 어떠했는지 깨닫게 되며, 이슬람이 어떻게 형성되고 확장돼 왔는지 알 수 있다.

문화 경험

중동 지역을 이해하기 위해서는 아랍과 이스라엘 간의 문제를 바로 알아야 한다. 그 문제의 본질을 가장 잘 이해할 수 있는 곳이 바로 요르단이다. 요르단 국민 3분의 2가 팔레스타인 사람들로, 그들에게서 우리가 몰랐던 현대사의 많은 정보와 경험을 얻을 수 있다.

요르단은 영화 〈아라비아의 로렌스〉와 〈인디아나 존스〉의 현장이기도 하며, 로마에 견줄 만큼 빼어난 나바트 문명의 핵심인 페트라와 와디 람 등은 색다른 볼거리다.

관광, 레저

사해는 수영을 못해도 빠져 죽을 염려가 없는 신기한 바다다. 아름다운 산호로 뒤덮인 더할 나위 없이 맑고 푸른 낭만의 산실 홍해(아카바 만), 야외 온천 폭포 아래에서의 천연 마사지 등을 통해 치료의 감동도 느낄 수 있다. 최근 들어 사해와 함마마트 마인 온천 등을 중심으로 하는 생태 관광이나 치료 관광 분야가 주목을 받고 있다.

동부 사막으로 발길을 돌리면 역사가 고스란히 살아 숨쉬는 고대 중세 사막 도시가 펼쳐진다. 와디 람을 비롯한 사막 또한 빼놓을 수 없는 여행 코스로 다른 지역에서 맛보기 힘든 장관을 연출한다.

'성지' 하면 '거룩한 땅' 곧 이스라엘을 떠올리는 이들이 있다. 국가 이스라엘의 회복이 마치 신앙생활의 목표이고 남은 과제인 양 생각한다. 그러나 내가 생각하는 성지는, 거룩한 땅이 아닌 바로 '성경의 무대'이다. 성지란 '지금 이 자리'에서 거룩하신 하나님과 연결된 인격체와의 만남이 이뤄지는 장소이기 때문이다.

그런데 성지 순례 일정을 보면 이스라엘 지역 방문에 많은 시간을 할애하고, 이집트나 다른 나라는 이스라엘을 오가는 교차로 정도로 가볍게 생각한다. 모처럼 나선 성지 순례길을 성경을 이해하고 새로이 깨닫는 기회로 삼기보다는 그저 성지 순례에 동참했다는 만족감을 갖는 것에 의미를 두기 때문이다.

하나님께서 아브라함과 모세, 여호수아는 물론이고 선지자들을 통해 계속 말씀하시는 '약속의 땅, 회복하여야 할 땅'은 이스라엘만이 아니다. 남으로는 애굽 하수(이집트), 북으로는 레바논과 헷 족속의 땅(터키), 동으로는 큰 강 유브라데 하수(이라크와 시리아), 서쪽으로는 대해(지중해)까지다. 아브라함은 큰 강 유브라데 지역(이라크 남부 안나싸리야 지역으로 한국군이 파병되어 주둔한 적이 있다) 갈대아 우르에서 출발하여 헷 족속의 땅과 레바논 지역을 지나 애굽 시내까지 이동하였다. 아브라함이 밟은 땅의 경계가 당시 하나님께서 약속의 기업으로 주신 땅이었던 것이다. 이것은 모세에게도 동일했다. "곧 광야에서부터 레바논까지와 유브라데 하수라 하는 하수에서 서해까지"(신 11:24)였다.

여호수아도 모세와 아브라함에게 주신 동일한 비전과 약속을 따라 움직였다. "곧 광야와 이 레바논에서부터 큰 하수 유브라데에 이르는 헷 족속의 온 땅과 또 해지는 편 대해까지"(수 1:4)를 약속의 땅으로 받아들였다. 하나님이 주신 약속의 땅은 요단강 저편(즉, 이스라엘)에 제한되어 있는 것이 아니었다.

성지란 무엇인가?

성지는 첫째, 하나님의 말씀이 선포되고 하나님이 사역을 행하신 현장이다. 둘째, 예수 그리스도께서 말씀하시고 행하시던 사역의 현장이다. 셋째, 믿음의 선진들이 말씀을 듣고 반응하고 살던 무대이다. 이런 장소들을 편의상 '특정 성지'(特定聖地)라고 부르고자 한다.

특정 성지는 성경에 이름이 한 번 이상 나오는 장소로, 이스라엘, 요르단은 물론이고 레바논, 시리아, 터키, 이라크나 예멘, 이집트 등에 가득하다.

일차 성지 순례는 성경 무대의 큰 그림을 그리는 과정이다. 그러므로 성경의 무대에 대한 전반적인 의미와 기본 이해를 돕는 코스와 일정으로 구성하는 게 좋다.

그런데 여기서 주의할 부분이 있다. 성경 시대 사람들에게 너무 잘 알려진 장소요, 실제로 성경 사건이 연출된 장소라고 해도 성경에 아무런 언급이 없을 수 있다는 것이다. 누구나 다 아는 장소나 사건이라서 일반 명사로 불릴 수도 있기 때문이다. 예를 들어 "이따가 그때 그 자리에서 봐." 이런 대화를 제3자는 전혀 해석할 수 없다. '이따가'가 언제인지, '그때'는 언제인지, '그 자리'는 또 어디인지 알 길이 없다. 그러나 대화를 나눈 당사자는 정해진 시각에 정해진 장소에서 만날 수 있다.

"멸망의 가증한 것이 서는 것을 보거든 너희는 산으로 도망할지어다"(막 13:14)에 나오는 산은 분명 일반 명사다. 그러나 그 자리에서 예수님의 말씀을 듣던 이들은 특정 산을 떠올렸을 것이다. 또 예수님이 "내가 너희보다 먼저 갈릴리로 가리라. 거기서 너희가 나를 볼 것이다"(막 16:7 참조)라고 말씀하셨을 때 제자들은 갈릴리 몇 번지 몇 호인지 묻지 않았다. 갈릴리 하면 예수님이나 제자들이 동시에 연상할 만한 그런 장소가 있었을 것이기 때문이다.

성지를 연구하면서 종종 당황스런 상황에 맞닥뜨린다. 성경의 무대가 된 곳의 역사 기록이나 고고학 발굴 등을 하다 보면 제법 큰 규모에 힘 있고 중요하기 그지없었던 장소들의 주변 지명은 성경에 나오는데 정작 그 중요한 장소가 전혀 언급이 안 되어 있기 때문이다.

요르단의 아르논강 북쪽 언덕의 레훈이나 남쪽의 발루아가 대표적이다. 이곳들은 단 한 번도 역사의 단절 없이 화려한 문명을 자랑했고, 최소한 출애굽 전후한 시기나 왕국 시대에 중요한 역할을 감당했다. 하지만 성경에는 이 장소를 고유명사로 직접 언급하지 않았다.

그러므로 성지의 개념은 우리가 생각해 온 것보다 넓어야 한다. "성경의 말씀이나 사건을 잘 이해할 수 있도록 돕는 무대도 성지"이다. 광야나 강, 산과 골짜기, 들판도 성경의 무대이다. 이런 곳들은 성경에 구체적으로 이름이 언급되지 않기에 무심코 지나칠 수 있지만 특정 성지 이상으로 소중하고 중요한 장소들이다. 이런 장소들은 편의상 '불특정 성지'(不特定聖地)로 부른다.

불특정 성지는 이스라엘 지역보다 인근 이집트나 요르단 등에 더 많다. 이집트를 모르고는 출애굽 과정을 올바로 이해할 수 없고, 모압, 암몬, 에돔과 길르앗, 데가볼리 지경을 모르고는 가나안 정착 이후의 성경을 이해하기 힘들다. 또 아람과 앗수르, 바벨론 등을 모르면서 소선지 시대를 풀이하기 힘들다.

성지 답사는 어떻게 해야 할까?

책이나 비디오로는 제대로 느끼고 배울 수 없는, 현장 답사를 통해서만 맛볼 수 있는 바로 '그것'을 위하여 성지 답사가 필요하다. 성경 읽기는 성지 답사의 기본이다. 성지 답사에 유용한 성경 읽기 방법은 아래와 같다.

성경 사건과 말씀이 언급한 4계절에 주목한다. 시공간에서 벌어진 사건과 메시지는 계절과 연관이 있다. 요단강에서 예수님이 세례 받으신 계절은 언제였을까? 요단강은 해마다 보리 수확기에 범람을 하는데, 예수님의 세례는 어떤 방식으로 이루어졌을까?

모세가 시내산에서 하나님과 40일간 독대한 사건은 최소한 두 번 이상 있었다. 그 가운데 한 번은 한겨울이었다. 시내산은 한겨울에 눈이 내리고 얼음이 언다. 그렇다면 모세는 엄동설한에 시내산에 머물렀던 것이다.

이스라엘 백성이 세렛강을 건넌 시기와 이후에 정복 전쟁이 진행된 시기는 언제였을까? 늦가을부터 혹한기까지였다. 이른바 북풍한설 몰아치는 광야길을 가는 것 자체가 전쟁 그 자체였다. 혹한기에는 전쟁도 장거리 이동도 하지 않던 그 시절 상황에 비춰 보면 그것은 엄청난 모험이었다.

성경 속 등장인물의 나이를 눈여겨본다. 어릴 때 일어난 일인지 젊을 때인지 아니면 노년기인지 고려해야 한다. 성경 속 등장인물도 성장하고, 늙고, 병들어 죽기 때문이다. 예를 들어 야곱이 천사와 씨름하던 때 야곱의 나이는 몇이었을까? 물론 97세가 넘은 나이였다. 그 나이의 노인이 샅바씨름하듯 천사와 힘겨루기를 했다고 상상할 필요는 없다.

성경 무대(성지)의 지리적인 시공간 개념을 놓치지 않아야 한다. 모든 장소는 길을 따라, 강과 산을 따라 이동한다. 아무리 평면 지도상으로 지름길로 보여도 협곡이 있다면 지나는 데 더 많은 시간이 걸릴 것이다. 부드러운 모래사막을 걸을 때와 탄탄한 평지길을 갈 때, 가파른 협곡을 따라 이동할 때 걸리는 시간은 다르다.

성경 시대의 이동 수단에 주목한다. 성경 시대에는 도보, 나귀나 수레, 말이나 마차, 낙타 등을 이용해 이동했다. 같은 거리라도 이동 수단에 따라 걸리는 시간이 달랐다. 평범한 사람들은 도보 외에 다른 이동 수단이 없었다는 것을 염두에 두어야 한다.

롯

롯의 아내는 뒤를 돌아본고로 소금 기둥이 되었더라
(창 19:26).

야곱

야곱은 홀로 남았더니 어떤 사람이 날이 새도록 야곱과
씨름하다가 그 사람이 자기가 야곱을 이기지 못함을 보고
야곱의 환도뼈를 치매 야곱의 환도뼈가 그 사람과 씨름할
때에 위골되었더라(창 32:24-25).

모세

모세가 모압 평지에서 느보산에 올라 여리고 맞은편 비
스가산 꼭대기에 이르매 여호와께서 길르앗 온 땅을 단
까지 보이시고……이에 여호와의 종 모세가 여호와의 말
씀대로 모압 땅에서 죽어 벧브올 맞은편 모압 땅에 있는
골짜기에 장사되었고 오늘까지 그 묘를 아는 자가 없느
니라(신 34:1-6).

기드온

기드온이 숙곳 사람들에게 이르러 가로되 너희가 전에
나를 기롱하여 이르기를 세바와 살문나의 손이 지금 어
찌 네 손에 있관대 우리가 네 피곤한 사람에게 떡을 주
겠느냐 한 그 세바와 살문나를 보라 하고 그 성읍 장로
들을 잡고 들가시와 찔레로 숙곳 사람들을 징벌하고(삿
8:15-16).

엘리야

[엘리야와 엘리사] 두 사람이 행하며 말하더니 홀연히 불수레와 불말들이 두 사람을 격하고 엘리야가 회리바람을 타고 승천하더라(왕하 2:11).

나오미와 룻

룻이 이삭을 주우러 일어날 때에 보아스가 자기 소년들에게 명령하여 이르되 그에게 곡식 단 사이에서 줍게 하고 책망하지 말며 또 그를 위하여 곡식 다발에서 조금씩 뽑아 버려서 그에게 줍게 하고 꾸짖지 말라 하니라……나오미가 자기 며느리에게 이르되 그가 여호와로부터 복 받기를 원하노라 그가 살아 있는 자와 죽은 자에게 은혜 베풀기를 그치지 아니하도다 하고 나오미가 또 그에게 이르되 그 사람은 우리와 가까우니 우리 기업을 무를 자 중의 하나이니라 하니라(룻 2:15-20).

세례 요한

왕이 곧 시위병 하나를 보내어 요한의 머리를 가져오라 명하니 그 사람이 나가 옥에서 요한을 목 베어 그 머리를 소반에 담아다가 여아에게 주니 여아가 이것을 그 어미에게 주니라(막 6:27-28).

예수

예수께서 세례를 받으시고 곧 물에서 올라오실새 하늘이 열리고 하나님의 성령이 비둘기같이 내려 자기 위에 임하심을 보시더니(마 3:16).

요르단의 정식 국명은 '요르단 하쉼 왕국'(The Hashemite Kingdom of Jordan)이다. 국어는 아랍어로, 일상생활에서 사용하는 언어는 사우디아라비아 등의 걸프 지역 아랍어와 비슷하고 북아프리카의 이집트나 리비아 등의 아랍어와는 많이 다르다.

행정수도는 암만이며, 주요 행정구역(우리나라 광역시와 도)으로는 이르비드, 아즐룬, 제라쉬, 발까, 자르까, 마프라끄, 마다바, 카락, 마안, 따필일라, 아카바 등 12개 구역이 있다.

국기의 유래와 상징적 의미

국기에 사용한 네 가지 색은 각각 아랍이 독립했던 몇몇 시기를 상징한다. 흑색은 압바스(Abbasids) 왕국(AD 750~1258)의 검정색 기를, 백색은 우마이야(Umayyads) 왕국(AD 661~1031)의 흰색 기를, 녹색은 파티마(Fatimids) 왕국(AD 909~1171)의 녹색 기를, 적색은 메카 귀족

요르단 국기와 국장.

의 전통적인 색이자 현재 하쉼(Hashemites) 왕가의 색을 표현한다.

샤리프 후세인 빈 알리는 1921년, 그의 아들인 왕자 압둘라가 군대를 이끌고 요르단으로 왔을 때 적색 깃발을 주었다고 한다. 그런다음 샤리프 후세인은 아랍 대혁명 과정에 4색기를 아랍 세계의 국기라고 공포했다. 적색은 아랍인의 피를, 녹색은 비옥한 땅을, 백색은 고결함과 관용을 의미하고, 흑색은 외세와의 싸움을 상징한다고한다.

1926년 헤자즈(Hejaz) 지방이 사우디아라비아에 편입될 때, 압둘라 1세는 아랍 국가 가운데 첫 번째로 독립한 시리아를 나타내는 삼각형의 중앙에 머리가 일곱 개인 흰 별을 추가하였다. 일곱 개의 머리는 1920년 시리아가 독립한 뒤, 시리아의 지리적 경계(境界) 내에서 실각한 일곱 개의 아랍 국가를 의미한다. 아울러 이 별은 이슬람의 성전 꾸란 제1장 7행을 나타낸 것이다.

> 그 길은 당신께서 복을 내리신 길이며 노여움을 받은 자들(유대인)이
> 나 방황하는 자들이 걷지 않는 가장 올바른 길이옵니다.

국장(國章)의 상징적 의미

국장 맨 위에는 왕국을 상징하는 왕관이 있고, 방패 모양으로 쳐진 포장 중앙에는 살라딘(아랍 이름으로는 살라훗딘)의 독수리가 돋보인다. 이는 아랍 세계에서 널리 사용하는 문장으로, 요르단 국기를 등에 지고 있다. 독수리 밑에는 하늘색 지구를 그려 놓았는데, 바로 이슬람교가 전 세계로 퍼질 것을 기원하는 뜻이다. 독수리 밑에는 둥근 방패와 칼, 그리고 활과 화살이 있으며, 아래에는 요르단의 대표적 생산물인 밀 이삭과 종려나무 잎이 있다. 맨 밑 두루마리에는 명문이 쓰여 있다. "요르단 하쉼 왕국의 국왕 '알 후세인 빈 탈랄 빈 압둘라'는 전능한 알라에게 도움과 성공을 빈다"라는 뜻이다.

TIP 헤자즈 지방 : 홍해(아카바 만) 연안의 사우디아라비아 지역으로 하끌(Haql)부터 지잔(Jizan)까지를 말한다. 좁은 의미의 성경상의 미디안 땅이 이곳에 자리했다.

국토 면적

요르단의 옛 명칭은 '트랜스 요르단'('요르단 건너편'이라는 뜻)으로, 북쪽 야르묵강에서 남쪽 아카바 만에 이른다. 동편으로는 이라크와 사우디아라비아, 서쪽으로는 이스라엘, 북쪽으로는 시리아와 국경을 접하고 있으며, 남쪽으로는 홍해(아카바 만)를 사이로 이집트와 국경을 마주한 요단강 동편에 위치해 있다.

면적은 89,342km²로 한국(99,461km²)보다 조금 작다. 80% 이상이 대초원으로 이루어진 스텝 지대이며 나머지는 사막이다. 남북의 길이는 380km이며(최북단 람싸에서 최남단 아카바까지는 430km다), 가장 폭이 좁은 곳은 150km이다. 해발고도 460~1,525m에 이르는 지역은 석회암으로 이루어진 고원지대(성경에 '왕의 대로'로 언급되는 중앙 산지길)인데, 요르단의 중요 도시가 자리하고 있다. 요르단과 이라크, 사우디아라비아의 국경선은 자를 대고 그은 듯 직선으로 곧게 그어져 있다. 제2차 세계대전이 끝난 후에 영국에 의해 국경이 그어졌기 때문이다.

지형과 기후

고산 지역인 까닭에 다른 중동 지역과는 비교도 안 될 정도로 겨울에는 춥고 눈도 많이 내린다. 지대가 높은 곳은 여름에도 쌀쌀하다.

고원은 서쪽으로는 요르단 골짜기와 사해, 와디 아라바(아라바 광야)

구약성서에 자주 등장하는 '광야'.

로 이어지는 골짜기의 가파른 모서리에 접해 있다. 모서리는 작고 많은 골짜기들로 나뉘어 있어 마치 산맥으로 형성된 느낌을 준다. 동쪽으로는 역사에서 시리아 사막으로 알려져 있는 사막과 접하고 있다. 요르단 골짜기는 해저 높이를 나타내는데, 갈릴리 호수의 표면은 −212∼−209m까지며, 사해는 −410∼−750m까지 내려간다.

기후는 고온건조하며, 연평균 기온은 15℃ 정도다. 행정수도 암만은 −1∼32℃ 사이다. 요단 강변 지역과 사해 주변 지역의 경우는 50℃까지 올라가기도 한다.

요르단을 방문하기에 가장 좋은 시기는 봄과 가을이고, 여름도 그런 대로 무난하다. 다만 겨울에는 암만 주변에서 폭설과 한파로 고생할 각오를 해야 한다. 가끔은 폭설과 한파로 교통이 통제되기 때문이다. 그래도 겨울 여행을 원한다면 물이 스며들지 않는 방한화와 두터운 외투를 꼭 챙겨야 한다. 물론 아카바 만의 홍해변이나 사해에서의 겨울 해수욕은 즐길 만하다.

정치 체제

요르단의 정치 체제는 입헌군주제이다. 영국이 철수한 이후 1952년에 입헌군주국으로 제정되었으며, 상하원 양원제 의회를 구성하고 있다. 입법 · 사법 · 행정 3권이 분리되어 있고, 왕은 이 3권을 통괄하는 최고 통치자이다.

제1차 세계대전 이후 오스만 터키의 지배에서 벗어나 영국의 위임 통치를 거쳐 1923년 트랜스 요르단 왕국을 세웠다. 1948년 제1차 중동전에서 요단강 서안의 팔레스타인 지구를 병합하고 이듬해인 1949년 6월에 현재 국호로 변경하였다. 1967년 3월, 제3차 중동전에서 요단강 서안과 동예루살렘을 이스라엘에게 점령당했다. 후쎄인 국왕(1953∼1999 재위)은 팔레스타인 문제 해결을 단념하고 요단강 서안 분리계획을 추진하다가 1988년 7월, 이를 포기함과 동시에 하원을 해산했다. 팔레스타인 독립 국가가 세워지고 나면 팔레스타인과 요르단 사이에 연방국가가 건설될 것으로 전망하고 있다.

상원은 40명 정원에 임기 8년으로 국왕이 임명하고, 4년마다 절반의 인원이 교체된다. 하원은 임기가 4년이며 직접선거로 104명, 여성 6명은 별도로 선출한다. 2007년 11월 15대 총선이 실시되었다. 정당체제는 다당제로 이뤄져 있다. 다수가 범여권에 해당하며 이슬람 행동 전선과 무슬림 형제단 같은 대표적인 야당이 존재한다.

행정단위는 암만 광역주(州)를 비롯한 12개의 주 '무하파자'로 구성되어 있다. 선거를 통해 구성되는 주의회도 있고, 주정부도 있다. 주지사는 내무부 장관의 지휘를 받는다. 완전한 의미의 지방자치는 아직 실현되지 않고 있다.

외교 관계

1990년대 이후 계속된 이스라엘과 아랍 간의 평화를 위한 노력은, 이스라엘과 팔레스타인 간의 평화 협정 체결과 이스라엘과 요르단, 이스라엘과 시리아 간의 평화로 이어졌다. 요르단과 이스라엘은 1994년 10월 26일 평화조약을 체결한 데 이어, 11월 27일 외교 관계를 수립하고, 요르단의 암만과 이스라엘의 텔아비브에 각각 대사관을 개설하였다.

한편 요르단은 남·북한 동시 수교국(남한은 1962년, 북한은 1974년에 각각 외교 관계를 맺음)이지만 요르단과 미국, 한국과 요르단의 관계가 강

모압 평지에 살고 있는 어린이들의 모습.

화되면서 요르단 주재 북한 대사관은 철수하고, 현재는 시리아 주재 북한 대사가 겸하고 있다.

경제

1967년 제3차 중동전으로 요단강 서안을 상실하면서 당시 전체 영토의 40%를 잃고 말았다. 요르단의 주요 외화 수입원은 국외송출 노동자들이 해외에서 벌어들이는 돈과 해외 원조금, 관광 수입 등이다. 1984년 북동부 아즈라크에서 유전이 발견되었지만 산유국은 아니다. 1인당 GDP는 5,100달러(2006년 추정치) 정도다.

교육

전 국민의 90%가 글을 아는데, 중동의 평균치인 50%에 비하면 엄청난 수치다. 교육을 무엇보다 중시해 지난 30년 사이 12학년까지 무상 의무 교육이 정착되었다. 만 5년 8개월 때부터 6년 동안 초등교육을 받고, 다음 3년 동안 중등 교육을 받는다. 이후로는 진급 시험을 통과해야만 3년간의 고등학교 과정을 이수할 수 있다.

12학년까지의 교육을 마치면 '타우지히'(우리나라의 대입 시험)를 치르고 대학 교육 과정에 들어갈 수 있다. 요르단 국공립 학교 외에도 외국 기관에서 설립한 사립학교들이 많다.

금요예배에서 기도하고 있는 무슬림들.

종교

요르단의 국교는 이슬람으로, 무함마드(마호메트)의 후손이 국왕이 되어 나라를 다스린다. 요르단 인구의 94% 정도가 무슬림이며, 무슬림 인구의 98% 이상(전체 인구의 92%)이 수니파로, 압둘라 2세 국왕이 무함마드의 후계라고 믿는다.

요르단 내의 모든 이슬람 사원은 아우까프(종교기금)와 이슬람 부(部)의 지도를 받고 있다. 암만 구시가지에 있는 '후쎄인 사원'은 꽤 긴 역사를 자랑하는데, 후쎄인 국왕의 선왕인 압둘라 1세가 1923년에 모퉁이돌을 다진 것으로 알려져 있다. 그 밖에 기억해 둘 만한 이슬람 사원으로는 요르단 대학 내에 있는 '요르단 대학 사원'과, 쉬미싸니 지역에 있는 '라우다 사원', 압델리의 '압둘라 국왕 사원'이 있다. 이슬람에 관한 연구는 대학에서 '샤리아'(이슬람법의 체계)라는 과목을 중심으로 이루어진다. 이외에도 시아파의 한 계열인 드루즈파, 바하이파 무슬림들이 일부 있다.

기독교인은 전체 인구의 5~6%로 약 36만 명 정도가 있다. 4~7세기 초반 비잔틴 시대에 기독교가 전파되면서 요르단에 많은 교회가 세워졌고, 당시의 영향이 지금까지도 이어진다. 비잔틴 시대 교회 유적을 곳곳에서 볼 수 있으며, 수도 암만에서는 고대 깔라아(성채)를 발굴하는 과정에서 비잔틴 시대 교회가 두 곳이나 발굴되었다.

예배를 마치고 나온 무슬림들.

TIP 東方正教會 : 사도 시대부터 예루살렘·안디옥·알렉산드리아·이집트·인도·그리스·동유럽·러시아 쪽으로 전파되어 동방의 헬라 문화권 안에서 성장한 그리스도교회의 총칭.

요르단 기독교인의 절반가량은 동방정교회에 속해 있다. 기독교인들은 주로 암만, 케락, 마다바, 쌀트 등에 거주한다. 기독교인 공동체로는 동방정교회를 중심으로 로마가톨릭, 이집트정교회, 그리스정교회 등과 소규모 개신교회가 있다. 개신교인들은 3만여 명 정도로, 복음루터교회(5천여 명)가 제일 큰 교단이며, 다음이 하나님의성회(3천여 명)이다. 그러나 개신교 대부분은 종교법인으로 등록된 법적인 교회가 아닌 내무부에 등록된 사회단체로 되어 있다.

〈요르단 타임즈〉 등의 요르단 영자 신문을 보면 교회 소개와 간단한 모임 시간이 나와 있다. 요르단의 한인들이 모이는 한인교회 예배는 금요일 오전 두 곳에서 있다.

요르단의 세계문화유산

요르단의 세계문화유산으로는 본문에 소개한 페트라(333쪽)와 움므 에르라싸스(120쪽), 그리고 꾸사이르 아므라가 있다.

꾸사이르 아므라는 까쓰르 아므라로도 불리는데, 말 그대로 '붉은 빛을 띤 작은 성'이다. '와디 부틈' 안에 자리하고 있으며, 사냥막이나 욕탕으로 사용했다. 보존 상태는 매우 좋은 편이며, 이슬람 건축 양식의 특징을 보여 주는 프레스코 벽화가 일품이다.

요르단의 시장에 가면 향신료, 약재, 히잡(여성들의 머리쓰개) 등을 파는 가게들이 눈에 띈다.

문화

다른 이슬람 국가와 마찬가지로 성향이 매우 보수적이다. 한 달간의 라마단 금식 기간에는 외국인일지라도 공공장소에서 먹고 마실 경우 처벌을 받는다. 그러나 21세기 시작과 함께 급격한 개방 물결을 타면서, 서구 문화가 그대로 유입된 일부 도시 지역은 큰 변화를 겪고 있다. 그럼에도 지방은 아직 유목민들의 엄격한 관습법을 따른다.

문화와 관련하여 방문자들이 주의해야 할 것 가운데 하나는 여성들에 대한 태도다. 관공서나 대학교 내, 공공장소에서 근무하는 여성들과 대화하는 것은 문제가 되지 않지만, 일반 여성들에게 말을 거는 일은 피하는 것이 좋다. 특히 전통복장을 한 여성들에게는 더욱 조심해야 한다.

여성 방문자의 경우 덥다고 너무 짧거나 얇게 입으면 자칫 매춘과 관련된 일을 하는 여성으로 오해할 수 있다. 특히 이슬람 사원에 들어갈 때는 최소한 무릎까지는 가리고, 어깨를 드러내지 않는 옷이면 좋다. 이 점에서는 남성도 마찬가지다. 남성도 이슬람 사원에 들어갈 때는 되도록 정중한 옷차림을 해야 한다.

조심해야 할 몇 가지

현지 실정을 전혀 모른 채 낯선 사람들, 낯선 문화를 접하다 보면 우리 관점에서는 아무것도 아닌 일

나들이에 나선 무슬림 가정.

이 그 지역에서는 문제가 되기도 한다. 요르단에서는 다음 몇 가지를 유념해야 한다.

- 무슬림 앞에서 다리를 꼬고 앉거나 신발 바닥을 보이지 말라. '신성모독'이나 '인격모독'으로 받아들일 수 있기 때문이다.
- 다른 사람의 머리를 쓰다듬거나 뒤통수 만지는 것을 삼가라.
- 어깨를 뒤에서 치면 모욕으로 여긴다.
- 꾸란을 왼손으로 펼치는 것은 신성모독으로 받아들인다.
- 음식 대접을 받았을 때 남기지 않는다. 자신들의 호의를 무시했다고 생각한다.
- 동성 간에 팔짱 끼는 것은 호의와 사랑, 우정을 표현하는 방식이므로 자연스럽게 받아들이면 된다.
- 이슬람이나 이슬람의 선지자 무함마드에 대하여 공개적으로 비난하지 않는다.
- '돼지 같다'는 말을 하지 않는다. 무슬림들에게 돼지는 금기 사항으로, 곧 인격모독이 된다.
- 공공장소에서 술을 마시거나 돼지고기를 먹지 않는다. 또 무슬림에게 돼지고기를 먹으라고 권하지 않는다.
- 정치적인 문제를 공석에서 큰소리로 이야기하지 않는다. 특히 반 이스라엘 이슈는 요르단에서 상당히 민감하다.

43

공휴일   요르단의 공식력(曆)은 이슬람력이지만 양력도 함께 사용한다. 1월 1일 신년, 1월 15일 식목일, 5월 1일 노동절, 5월 25일 독립기념일, 11월 14일 후쎄인 국왕 탄일 등이 공휴일로 지정되어 있다. 여기에 해마다 바뀌는 라마단 금식월과 이 금식월이 끝나는 것을 기념하는 개식절(開食節), 순례달에 이어지는 희생제(犧牲祭), 무함마드 승천일, 무함마드 탄일 등 해마다 바뀌는 이슬람력 명절이 포함된다.

인구와 사람들

전체 상주 인구는 592만여 명(2007년 추정치)으로 남성 비율이 조금 높다.

팔레스타인인   요르단 국민의 60~70%는 팔레스타인인이다. 그런 까닭에 요르단에서 당신은 어느 나라 사람이냐고 물으면 순수 요르단 사람은 '우르드니'(요르단인), 팔레스타인인은 '필라스티니이'라고 대답한다. 팔레스타인인 대부분은 1948년과 1967년 중동전쟁 때 이주해 들어왔으며, 요단강 동편의 요르단으로 들어오자마자 모두에게 요르단 시민권을 주었다. 현재 이들은 정치·경제적인 면에서 상당한 역할을 하고 있지만 동시에 사회적인 갈등 요소가 되고 있기도 하다.

베드윈(유목민)   사막 거주민들로, 요르단 동부와 남부 사막에서 주로 생활한다. 이들은 여전히 전통 방식대로 이동하며 양과 염소, 낙타를 목축하면서 산다. 요르단 정부에서 이들에게

요르단 유목민들은 전통 방식대로 이동하며 양과 염소, 낙타를 목축하기 때문에 성경 이해에 큰 도움이 된다.

교육과 주택을 제공하지만 많은 유목민들은 별다른 매력을 느끼지 못한다. 그렇다고 현대 문명의 혜택을 전면 거부하는 것은 아니다. 위성수신기를 설치해 두고 사막에서 위성방송을 수신하는 유목민도 있다.

유목민들은 관습법을 따른다. 이들을 잘 이해하면, 성경의 문화를 보다 사실적으로 이해하는 데 도움이 된다. 성경을 연구하는 이들에게는 산교육인 셈이다.

수확한 밀을 지키기 위해 추수 기간 동안 들판에 천막을 치는데, 룻기의 보아스를 연상케 한다.

지중해
갈릴리 호수
요단강
시리아
이라크
암만
사해
이스라엘
사우디아라비아
이집트

모세의 눈 밖에 난 **암몬 왕국**

암몬 왕국의 일반적인 경계는 얍복강 남쪽과 아르논강 북동부 지역, 동쪽으로 시리아 사막, 서쪽으로 요단강으로 구분하고 있어 오늘날의 암만 지역과 거의 일치한다. 암몬 왕국이 강성하던 시기에는 요단강 서편까지 진출하기도 했다.

이스라엘이 출애굽 과정에서 이곳을 대부분 정복하였고, 르우벤 지파와 갓 지파가 분배받았다. 아르논강에서부터 사해 북단 끝까지를 르우벤 지파가, 사해 북단부터 얍복강까지는 갓 지파가 차지했다. 당시 암몬 왕국은 오늘날의 암만을 중심으로 동편 일부의 땅을 차지하고 있었다. 이 지역은 요단 골짜기를 기준으로 동쪽으로 40~50km 정도 펼쳐지는 고원지대이지만 햇빛과 수분이 적절해 고대에는 숲과 초지가 넓게 펼쳐져 있었다. 목축지로 더할 나위 없이 좋은 장소였다.

암몬 왕국의 계보.

왕의 이름	시기	출처
나하스	BC 10세기	삼상 11장; 삼하 10장
하눈	BC 10세기	삼하 17장
바샤	BC 853	살만에셀의 비문
샤닙	BC 735	디글랏빌레셋의 비문
파도엘	BC 701	산헤립과 에살핫돈
바락엘	BC 675	
암미나답 1세	BC 650	앗수르바니발
히살렐	BC 625	텔 시란에서 발견한 병의 기록물
암미나답 2세	BC 600	텔 시란에서 발견한 병의 기록물
바알리스	BC 580	렘 40:14
말콤우르	예레미야 시대	텔 엘우메이리 왕의 어인(御印)

암몬 왕국 대부분은 겨울철이면 눈보라가 몰아치는 산악 도시였다. 그 때문에 다윗의 원정대가 요압을 사령관으로 하여 암몬 왕국의 수도 랍바 암몬 성을 공격하러 왔다가 성 공략을 눈앞에 두고도 철군할 수밖에 없었던 것이다. 사무엘하 11장 1절은 "그 다음 해 봄에, 왕들이 출전하는 때가 되자……"(표준새번역)라고 적고 있다.

'암몬'은 롯의 후손(창 19:38)들로서 '내 백성의 아들'(벤 암미)이라는 의미가 있다. 암몬 왕국의 수도인 '랍바'는 주요 도시 또는 수도라는 뜻이다.

암몬 족속과 이스라엘 사이에는 종종 전쟁이 있었다. 하지만 출애굽 당시 이스라엘 족속은 암몬 왕국을 완전히 점령하지 않았다. 암몬 백성이 먼 친척이라는 이유도 있었지만 또 다른 현실적인 이유는 "암몬 자손에게까지 미치니 암몬 자손의 경계는 견고"(민 21:24)하였기 때문이다. 출애굽 당시 힘이 약화된 암몬 왕국은 이전보다 절반 규모로 축소되었고 그 자리를 아모리 왕국이 차지하고 있었다. 모세가 암몬 왕국을 점령하지 못하였으면서도 "암몬 자손의 땅 절반 곧 랍바 앞의 아로엘까지"를 갓 자손에게 분배(수 13:24-28)할 수 있었던 것도 바로 이런 이유에서다. 어쨌든 모세는 "암몬 자손은 영원히 여호와의 총회에 들어오지 못하리라"(신 23:3-6)고 밝히고 있다.

암몬 족속들은 여호수아에서 사울 왕에 이르는 사사 시대 동안(BC 1200~1025) 모압의 에글론 왕과 동맹을 맺고 이스라엘을 여러 차례 공격하였다. 그 결과 에훗의 반격으로 퇴각할 때까지 18년 동안이나 여리고를 점령하기도 하였다(삿 3:12-30). 사사 입다의 때(삿 10:6-12:6)에 다시 이스라엘을 공격했으며, 사울 왕 때(BC 1025년경)에는 암몬 왕 나하스가 요단강 동편 지역 '야베스 길르앗'까지 침입해 들어왔다(삼상 11장).

압살롬의 반란 때에 다윗의 무리를 도운 이들 가운데 "암몬 족속에게 속한 나하스의 아들 소비와 로데발 사람 암미엘의 아들 마길과 로글림 길르앗 사람 바실래"(삼하 17:27-29)가 있었고, 다윗의 용감한 장수 30인 가운데에는 '암몬 사람 셀렉'(삼하 23:37)도 있었다.

솔로몬(BC 970~945년)은 그의 후비와 빈장들 가운데 암몬 여인을 취했고, 그들의 영향으로 암몬 사람의 가증한 몰록을 위하여(레 18:21, 20:2-5; 사 57:9; 렘 32:35 등에는 몰렉으로 하고, 왕상 11:7; 왕하 23:10; 행 7:43 등에서는 몰록으로 표기한다) 예루살렘 앞산(멸망산으로 불림)에 신전을 지었다(왕상 11:1, 6-7).

르호보암 왕의 어머니 이름은 나아마였고 암몬 사람이었다(왕상 14:21).

역대하 20장에는 여호사밧 왕(BC 876~849) 때 모압과 에돔과 동맹을 맺고 이스라엘을 공격하였고, 웃시야 왕(BC 785~740) 때는 유다에 조공을 바쳤으며(대하 26:8), 요담 왕 때는 암몬을 다시금 정벌하여 통치를 강화(대하 27:5)하였다고 전한다. 이후에 암몬은 앗수르, 바벨론, 페르시아에 의하여 점령되었고, 이 시기에 선지자 이사야와 예레미야, 에스겔은 예언을 통해 암몬을 언급하였다(사 11:14; 렘 9:25, 25:21, 27:3, 49:1-6; 겔 41:1-6).

"내가 랍바로 약대의 우리를 만들며, 암몬 족속의 땅으로 양무리의 눕는 곳을 삼은즉 너희가 나를 여호와인 줄 알리라"(겔 25:5).

"여호와께서 가라사대 '암몬 자손의 서너 가지 죄로 인하여 내가 그 벌을 돌이키지 아니하리니, 이는 저희가 자기 지경을 넓히고자 하여

암몬 시대의 관 뚜껑에 새겨진 암몬 사람.

길르앗의 아이 밴 여인의 배를 갈랐음이니라. 내가 랍바 성에 불을 놓아 그 궁궐들을 사르되, 전쟁의 날에 외침과 회리바람 날에 폭풍으로 할 것이며, 저희의 왕은 그 방백들과 함께 사로잡혀 가리라' 이는 여호와의 말씀이니라"(암 1:13-15).

예루살렘이 함락된 이후 유다 사람들이 이곳까지 도망하였다가 뒤에 그다랴를 예루살렘 총독으로 임명하자 돌아왔다. 그런데 그다랴는 암몬 자손의 왕 바알리스가 보낸 느다냐의 아들 이스마엘에 의해 다른 유다인들과 함께 살해당했다(렘 40:14-41:18).

후에 에스라는 이스라엘 백성이 '암몬 사람'의 가증한 일을 행하여 그들의 딸을 취하여 아내와 며느리를 삼아 나가는 것을 안타까워하고 이를 금지했다(스 9:1-2 이하). 느헤미야도 유다 사람이 '암몬 여인'을 취하여 아내로 삼는 것을 책망했다(느 13:23-27). 이 시기에 암몬은 '암몬 사람 도비야'(느 4:3)의 관할에 있었던 것으로 보인다. 그는 "저들의 건축하는 성벽은 여우가 올라가도 곧 무너지리라"고 조롱하면서 예루살렘 성벽 쌓기를 방해하였다.

전쟁들 가운데 하나는 다윗 때 일어난 것으로 이 싸움에서 다윗은 음모를 꾸며 우리아(마 1:6에는 우리야로 표기되어 있다)가 죽도록 유인한다(삼하 11장).

이외에도 신명기 3장 11절, 사사기 11장, 사무엘상 11장 2절, 사무엘하 17장 27절, 아모스 1장 13-15절 등에 암몬 관련 기사들이 기록되어 있다.

고대 왕국의 번영이 깃든 도시, 랍바 암몬

암만(Ammam)은 여름철이면 걸프 지역의 무더위를 피해 온 피서객들로 넘쳐난다. 선풍기나 에어컨 없이도 견딜 수 있을 정도로 시원하기 때문이다. 오늘날 암만이라는 이름은 고대 암몬 왕국에서 유래했다. 암만(랍바 암몬)은 신약 시대 데가볼리의 하나로, 겨울철에는 눈보라가 몰아치기도 한다.

암만은 BC 3000년까지 거슬러 올라가는 고대 도시 가운데 하나다. 10여 개의 언덕 위에 세워져 있으며, 이 언덕을 산이라는 뜻의 아랍어 '자발'(또는 제발)이라고 부른다. 암만의 상주 인구는 250만 명이 넘는다. (상주 인구에 포함되지 않는 이라크 난민과 이집트인, 아랍계 단기 체류자까지 고려하면 400만 명도 넘는다.)

현 하쉼 요르단 왕국의 수도로 행정부와 왕궁(까스르 라가단:Qasr Raghadan)이 있다. 암만 다운타운(발라드) 곳곳에 그리스 로마 시대의 성채와 신전, 원형극장 등이 남아 과거의 위용을 자랑한다.

53

일자리를 찾아 요르단에 머물고 있는 이집트인 노동자들이 많다.

암만은 구약성경 신명기에 처음 등장하는데, 이때를 전후하여 고대 근동의 주요 도시로 자리매김했다.

> "르바임 족속(거인 족)의 남은 자는 바산 왕 옥뿐이었으며, 그의 침상은 철 침상이라. 지금 오히려 암몬 족속의 랍바에 있지 아니하냐. 그 것을 사람의 보통 규빗으로 재면 그 장이 아홉 규빗이요, 광이 네 규빗이니라"(신 3:11).

고대 왕국은 알렉산더 제국에 편입되었는데, 처음에는 이집트 프톨레미 2세(BC 285~247)의 통치를 받았다. 프톨레미 2세는 BC 3세기에 도시를 재건하면서 이름을 '필라델피아'로 개칭했다.

BC 135년경에는 집정관 제노(Zeno)가 통치했으며, BC 63년경에는 데카폴리스 연맹에 참가하였다. BC 31년에 나바트 왕국에 점령 당했다가 다음 해에 헤롯 대왕이 다시 정복했다. AD 106년, 로마 제국의 아라비아 주에 편성되면서 전면적인 도시 정비가 이루어졌고, 남아 있는 성채와 신전, 원형극장 등은 그때 축조된 것들이다.

AD 2세기경 로마가 통치하기 시작하면서 도시는 큰 규모로 확장되었다. 비잔틴 시대에는 주교청이 자리했고, 니케아 공의회(AD 325년)와 칼케돈 공의회(AD 451년)에 대표를 보내기도 했다. 이슬람의 움

금요예배에서 기도 중인 무슬림들.

마이야 왕조 때는 성채 안에 성을 쌓았으며, 아랍 시기 동안은 외부로부터 일체 침입을 받지 않았다.

암만은 순교자 또한 낳았는데, 디오클레시안 황제(AD 284~305)의 박해 아래서 줄리안(Julian), 유불루스(Eubulus), 말카몬(Malkamon), 모키모스(Mokimos), 살로몬(Salomon) 등이 고난을 당했다.

635년 아랍의 통치하에 있을 때, 움마이야 왕조가 아크로폴리스에 성을 쌓기도 하였다. 그러나 15세기에 이르도록 거의 천 년 동안 역사 속에서 자취를 감추었다.

암만의 근대사는 1878년에 시작된다. 러시아와 터키가 벌인 전쟁에서 난민이 발생하자, 당시 터키 통치자 '술탄 압둘 하미드 2세'는 암만과 나우르, 제라쉬, 수웨일레 등에 그들을 재정착시켰다.

암만은 보통의 작은 마을에 지나지 않았다가 1948년, 1967년에 있었던 중동전쟁에서 발생한 팔레스타인 난민들이 대량 유입되면서 상주 인구가 점점 증가하였고, 이들을 수용할 규모를 갖추는 과정에서 도시는 점차 확대되었다.

로마 원형극장

로마 원형극장은 라가단 정류장 근처 공원에 자리해 있으며, 암만이 로마 도시 시절(필라델피아)에 지어졌다. 암만의 동쪽 언덕을 깎아

서 만들었으며, 대략 6천 명을 수용할 수 있다. 1960~61년에 복원해 대중 공연이나 스포츠 행사 개최시에 자주 이용한다.

님프 신전

로마 원형극장을 지나 꾸라이쉬 거리를 따라 후쎄인 사원 쪽으로 내려가면 첫 번째 신호등 바로 오른쪽 귀퉁이에 돌로 만들어진 건물이 눈에 들어온다. 이것이 2세기 말에 세워진 것으로 추정되는 님프 신전이다. 님프 신전은 데카폴리스의 일원이던 고대 필라델피아(암만)에 물을 공급하는 중요한 우물이기도 했다. 지금도 건물 지층에서 샘이 흘러나온다. 수년간에 걸친 복원 작업으로 원형을 회복한 상태이지만, 안타깝게도 신전 건물 외벽을 장식했던 대리석 고형물들은 볼 수 없다.

아크로폴리스

로마 원형극장 앞의 큰 기둥들과 복원 중인 돌무더기들을 보노라면, 로마 시대의 아크로폴리스와 장터의 거대한 규모를 짐작할 수 있다.

이곳에서는 중기 청동기 시대에 이미 암만 지역에 문명이 형성되었음을 보여 주는 증거들이 발굴되었다. 당시 것으로 보이는 무덤 세 구 가운데 한 구가 이곳 아크로폴리스에서 발견되었다. 1955년에는 후기 청동기 시대 신전이 발굴되기도 하였다.

오데온

로마 원형극장에서 자발 암만을 바라볼 때 오른쪽에 있는 작은 극장이 오데온이다. 2세기 초에 지어진 예술 전용극장으로 수용 인원은 500명 정도 된다. 오데온 계단 맨 위에서 바라보는 주변 경관이 참 훌륭한데, 정면 왼쪽(북쪽)에 보이는 언덕이 랍바 암몬 성이다.

데가볼리 필라델피아(암만)의 시내 중심지. 오른쪽으로 옛 원형경기장이 보인다.

랍바 암몬 성

암만에서 가장 의미 있는 장소로, 자발 암만 정상에 있는 깔라아 (성채: 영어로는 citadel)이다. 자발 암만은 해발 850m의 산으로 암만 중심부에서 제일 높다. 이런 지형적인 특성 때문에 4~5천 년 전부터 성벽으로 둘러싸인 성채를 건설했다. 시타델 지역에는 고대 암몬 랍바 성(랍바 암몬으로도 불린다)에 해당하는 성채가 있다. 또한 요르단의 고대 문명이 시대를 거듭하면서 자리하였던 곳으로, 지금도 유적 발굴이 한창이다. 대표적인 유적으로 로마의 마르쿠스 아우렐리우스 황제(AD 161~180 재위)가 세운 신전터가 남아 있다.

시타델 남서쪽에는 헤롯 대왕이 헤라클레스를 위하여 봉헌한 신전터가 있다. 또한 6,7세기 비잔틴 시대에 세워진 교회터와 이슬람 움마이야 왕조 때 축조한 성(까스르)도 남아 있다. 주변에는 매장 때 사용했던 것으로 보이는 많은 동굴이 있다.

이곳으로 가려면 로마 원형극장이나 라가단 광장에서 걸어가는 것이 제일 좋다. 랍바 암몬 성이 보이는 언덕길을 따라 올라가면 10분 내에 헤라클레스 신전 쪽의 암몬 성으로 들어갈 수 있다. 라가단 광장에서 암몬 성으로 이어지는 차도를 따라가지 말고 언덕에 이어지는 주택가 작은 골목을 따라 곧장 암몬 성으로 올라가야 한다.

아크로폴리스 유적.

위_ 랍바 암몬 성에 있는 로마 시대 헤라클레스 신전.
아래_ 비잔틴 교회 유적.

원형극장이나 아크로폴리스가 있는 이 넓은 광장이 랍바 암몬 성을 치러 왔던 다윗 시대 요압 원정부대의 주둔지였을 것이다. 이곳에서 우리야 같은 장군과 사병들은 견고한 성 랍바 암몬 성의 공략을 꿈꾸었을 것이다. 해발고도 차이가 약 300m나 되기에 성에 접근하는 것은 위험천만한 일이었다. 그럼에도 무모한 요압의 작전 지시에 순응하고 죽어 간 우리야 장군이나 병사들의 아픔이 다가온다. 충직했던 이유로 무고한 생명이 죽어 간 것이다.

박물관에서 배우는 역사와 문화

해외여행을 할 경우, 어느 나라를 가든 박물관 순례는 빠뜨리지 말아야 한다. 박물관에서는 그 지역 문화와 역사를 좀더 자세히, 그리고 한눈에 볼 수 있기 때문이다.

암만 고고학 박물관

암만 고고학 박물관은 그리 규모가 크지 않다. 이집트의 카이로 박물관이나 이스라엘의 이스라엘 박물관을 보고 온 이들이라면 초라하게 여길지도 모른다. 겉보기에도 허름한 건물이다 보니 눈에 잘 띄지도 않고 들어가고 싶은 느낌도 별로 자아내지 못한다. 그렇지만 가치가 있는 중요한 곳이다. 랍바 암몬 성 유적지 북쪽 중앙에 있는 박물관은 1950년대에 오스틴 해리슨(Austin Harrison)이 세웠다. 작지만 요르

암만 고고학 박물관에 전시되어 있는 아인 가잘에서 발견한 흙 인형.
현존하는 가장 오래된 흙 인형이다.

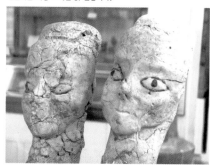

단의 중요한 역사 유물들을 집중해서 볼 수 있으니 꼭 들러 보시기를.

선사 시대부터 AD 1700년대까지의 전시물들이 각 시대별로 잘 정리되어 있다. 요르단을 중심으로 한 중근동과 이집트 문화가 어떻게 융합되었는지 가늠할 수 있으며, 특별히 나바트 문명의 흔적들을 확인하고 이집트의 막강했던 영향력이 요르단 고대 문명에 남긴 자취를 찾아보는 것도 흥미롭다. 무엇보다도 사해의 쿰란 지역에서 발견된 금속 두루마리 성경 사본은 인상적이다.

암만 고고학 박물관 순례를 더욱 효과적으로 하기 위해서는 기본적으로 요르단 역사 연대기에 대한 이해가 필요하다. BC 180000년대의 선사 시대 유물부터 비잔틴 시대, 아랍화 시대, 십자군 시대까지의 유물이 다양하게 전시되어 있기 때문이다.

구석기 시대(BC 500000~17000) 네안데르탈인들이 요르단의 남부 지역과 아즈락(Azraq) 부근에서 사냥을 하며 살았다. 예루살렘 지역에서 발굴된 고대인의 해골을 보면 당시 외과 수술을 시행한 흔적이 남아 있다.

후기 구석기 시대(BC 17000~8000) 정착지가 생겨났으며, 요르단 남부의 타바가(Tabaga)와 동부 사막 지역, 그리고 펠라에서 유적이 발견되었다.

신석기 시대(BC 8000~4500) 농경문화가 발달하기 시작하였으며, 베이다와 페트라 근처, 여리고의 정착지들은 자연적인 사회의 발달을 보여 준다. 가장 눈길을 끄는 것은 BC 7250년경에 시작된 얍복강 문명인 '아인 가잘' 유적지에서 나온 흙 인형들이다. 현존하는 가장 오래된 흙 인형이다. 암만 북쪽 아인 가잘 정착지에서 인류의 조각상을 만들려는 첫 시도를 했던 것으로 보인다.

금속 병용기 시대(BC 4500~3000) 구리가 처음으로 제련되었다.

요단 계곡 지역에서 발굴된 툴레이라트 가쑬 마을의 역사는 이 시기로 거슬러 올라간다. 돌로 이루어진 벽과 흙으로 만들어진 가옥들은 프레스코 기법으로 장식되었으며, 도기 제조소와 여러 도구들이 많이 발굴되었다.

초기 청동기 시대(BC 3000~2100) 이 시대 정착지들은 이전에 비해 문화적 산물이 확대되고 다양해졌다. 아마도 가나안 원주민들의 영향을 받아 그렇게 발전한 것으로 보인다. 마을을 정비하고, 농사 기술과 도구들을 발전시켰다. 이후 정복 활동을 통해 이러한 화려한 문명이 먼 지역으로 전해졌을 것이다.

중기 청동기 시대(BC 2100~1500) 문명이 발달하고 교역이 발생하면서 고대 요르단은 번영해 나갔다. 그래서 이곳에서 발굴되는 발굴품들마다 예술적 가치를 꽤 높이 인정받는다. 한편 사람들은 한 지역으로부터 다른 곳으로 이주하였는데, 일부는 요르단에서 이집트로 이주한 듯 보인다. 이때 이집트 사람들은 그들을 '힉소스'(외지로부터 온 지도자)라고 부르며 통치자로 섬겼다.

아브라함은 BC 1900년경에 가나안 땅에 이주한 것으로 보인다. 성경적으로 이 시기는 대략 족장 시기에 해당되며, 아브라함 이주 후

암몬 왕국의 토관과 제단.

에 이삭, 야곱이 대를 이어 가나안 땅에 살았다. 요셉 때에 이르러서는 이스라엘(야곱)의 자손 전체가 이집트로 이주했다.

후기 청동기 시대 (BC 1500~1200)

대제국인 이집트와 아나톨리아(소아시아 지방)의 힉소스가 후기 청동기 시대를 호령했다. 요르단과 팔레스타인은 이집트의 지배하에 있었으며, 모든 중동 지역과 그 외의 지역 사이에서 행해지는 무역으로 발전을 거듭했다. 이 시기에 이스라엘 백성의 출애굽이 이루어졌으며, 광야 생활을 거친 후 가나안에 정착했다. 이후 가나안 땅에 각 지파별로 나누어 정착했으며, 초기 사사들의 시대가 시작되었다.

박물관에 전시 중인 이 시대의 유물은 암만과 수웨일레 지역을 연결하는 지역에서 발굴된 무덤에서 나온 것들이 대부분이다. 일부 여리고에서 발굴된 것도 있다. 구리 등잔에서부터 동전, 귀고리, 항아리와 다양한 예술품 등이 전시되어 있다.

철기 시대 (BC 1200~549)

구약 시대에 일어난 사건 대부분은 이 시기의 일이다. 이 시기 기록은 성경 및 다양한 증거들을 통하여 정리되어 있다. 항아리와 석상, 주상, 이집트의 풍뎅이 모양 주형물, 아시리아의 인장, 이집트 형식을 갖춘 토기 관 등이 이 시기에 속하는 유물들이다. 13세기 초에 이곳에 새로운 형태의 농경문화가 나타났다. 이것은 에돔, 모압, 암몬, 아모리 족속을 말하며 철기 문명을 사용하던 자들이다. 에돔은 에서의 후손이며, 모압과 암몬은 롯으로부터 비롯되었다. 아모리 족속은 셈계의 족속으로 북쪽에서 이주해 왔다. 이들 족속들이 이스라엘 민족이 출애굽할 당시 요르단에 있던 민족이다. 이들은 모두 13세기에 철기 문명을 경험하였으며, 이것은 AD 6세기까지 이어졌다.

페르시아 제국 (BC 549~331)

BC 539년, 고레스 왕의 영향력은 시리아와 팔레스타인 지역에까지 미쳤고, 이에 유대인들이 고향으로 돌아갈 수 있도록 조처해 주었다. 고레스는 비옥한 초생달 지역 모두와 이집트를 손아귀에 넣었으며, 요르단도 포함되었다.

나바트 문명 시대(BC 400~AD 160)

나바트 문명은 요르단을 찾은 이들에게 큰 선물을 안겨 준다. 요르단을 찾기 전에는 나바트 왕국의 존재조차 모르는 이들이 많기 때문이다. 나바트 문명이 남긴 많은 유물들은 페트라 유적지 안에 있는 박물관에서 볼 수 있다. 표현이 매우 정교하고, 문화는 참으로 훌륭하다.

헬라 시대(BC 332~AD 64)

알렉산더 대왕의 힘은 요르단에도 미쳤다. BC 323년 알렉산더가 죽자 요르단은 프톨레미의 지배를 받게 된다. 프톨레미 2세는 BC 3세기에 랍바를 재건하였고 이름을 '필라델피아'로 개칭하였다. 필라델피아는 나중에 데카폴리스(데가볼리) 연맹에 참여하였으며, AD 2세기 초반 로마 제국의 통치하에서 도시 규모가 더욱 확장되었다. 주로 대리석상과 그리스 신화의 영향을 받은 전시물이 많다. 특별히 암만 남쪽 11km 지점의 자와(Jawa) 지역에서 발굴된 아프로디테(비너스) 상이 눈에 띈다.

로마 시대(BC 63~AD 330)

로마의 폼페이는 예루

나바트 신전 유적에서 나온 석상.

살렘을 함락시킨 이후(BC 63)에 팔레스타인을 장악했던 셀루커스 왕조를 무너뜨렸다. 현대 요르단의 도시들이 있는 곳에 로마의 지방 도시들이 건설되었으며, 일명 데카폴리스로 알려진 10개의 주요 지방 도시가 상업적·군사적 목적으로 연맹체를 이루었다. 그들은 서로 간에 무역을 발달시키는 한편, 유대와 나바테아 세력을 공동으로 견제하였다. 그들 대다수가 요르단 지역 안에 위치해 있었으며, 필라델피아(암만), 거라사(제라쉬), 가다라(움므 께이스), 펠라(따바까트 파훌), 디온(텔 엘후슨) 등이 연맹에 속한 도시들이다. AD 106년에 로마는 나바트 왕국을 합병하였고, 그들의 무역로를 관장했다. '팍스 로마나' (Pax Romana)로 불리는 당대의 평화는 무역에 적합한 안정된 환경을 이끌어 냈다. 잘 닦여진 로마의 도로가 무역의 일등 공신이었고, 도로로 인해 더욱 발전해 나갔다.

비잔틴 시대(AD 324~632)   무역로는 멀리 동부 지역까지 확장되었으며 그 길을 따라 농업이 발달하였다. 로마 황제가 콘스탄티누스로 바뀐 이후 기독교를 공인했고, 이후 기독교는 중동 지역으로 급속히 전파되었다. 자연히 예루살렘을 비롯한 기독교 유적지에 많은 순례자들이 찾아오면서 번성하기 시작했다. AD 527~565년, 저스틴 황제 때에 팔레스타인과 시리아의 여러 마을에 많은 교회들

BC 6-7세기경의 청동 그릇.

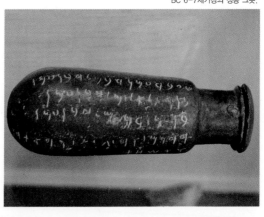

이 세워졌고, 지금까지 당시에 교회를 장식했던 아름다운 모자이크가 보존되어 있다.

아랍 왕국(AD 634~1099)

비잔틴 제국의 세력이 점차 약화되고, AD 636년 야르묵 전투에서 아랍 무슬림 군대가 크게 승리한 뒤 대부분의 중동 지역은 아랍의 통제하에 놓였다. 예루살렘이 정복되었고(AD 638년) 곧이어 시리아와 이집트가 아랍 무슬림의 영향하에 놓였다. 8세기에 들어 이슬람의 세력이 스페인으로부터 북아프리카 지역을 지나 중동과 페르시아 지역, 인도까지 확산되자 다메섹(다마스커스)은 메카로의 순례 길목에 위치한 관계로 점차 이슬람의 중심지가 되었다. 움마이야 시기에는 다메섹의 발전이 이루어졌으며 아름다운 건축물들이 세워졌다.

십자군 시대(AD 1099~1268)

십자군이 침입해 중동 지역에 십자군 요새를 건설했다. 이슬람의 공격을 막기 위해 케락이나 쇼박과 같은 요새들을 지었으며, 여행하는 자들에게 통행료를 징수하는 장소 역할을 했다.

마물루크 시대(AD 1263~1516)

이집트에서 발생한 강력한 아

이슬람 시대의 대포와 등잔.

이읍 왕조(Ayyubids)가 융성해 요르단의 많은 요새들을 지배하고 재건했다. 1400년에 몽골의 타물레인(Tamurlain)이 침입했으나 마물루크가 물리쳤다. 그러나 이 제국은 점차 쇠퇴하였으며 오스만 터키 제국이 지배하기 전에 이미 분열되고 말았다.

오스만 터키 시대(AD 1516~1918)　　　　터키의 지배는 400년이나 지속되었다. 대부분의 아랍 국가들이 터키 밑으로 복속되었으며, 요르단의 중요성은 메카와 메디나로 향하는 순례자들을 위한 길목에 위치해 있어서 더욱 커지게 되었다.

영국 위임 통치 시대(AD 1919~1946)　　　　1916년 샤리프 후쎄인이 이끄는 아랍 혁명군이 영국의 지원을 받아 혁명을 일으키고 독립을 시도했다. 그러나 오스만 터키의 지배가 끝남과 동시에 영국의 위임 통치하에 놓이게 되었다. 1921년 3월에 압둘라 토후는 트랜스 요르단 토후국을 건설했고, 1923년 5월 영국은 요르단의 독립을 인정했으나 진정한 독립은 23년이 지난 후인 1946년 5월 22일에 이르러서야 이루어졌다.

현대의 요르단(AD 1946~현재)　　　　런던 협정으로 요르단은 영국의 위임 통치로부터 완전히 독립하였고, 1946년 5월 25일에 압둘라 1세 국왕이 즉위하면서 트랜스 요르단 하심 왕국이 탄생했다. 1947년에는 헌법을 공포하고 양원 의회가 창설되었으며, 1949년에는 국명을 트랜스 요르단에서 '요르단'으로 고쳤다. 1951년에 압둘라 국왕이 예루살렘의 엘 아크사 사원에서 피살되었다. 그의 장남인 탈랄 국왕이 즉위했으나 1년 만에 왕위를 열일곱 살 어린 후쎄인에게 물려주었다. 후쎄인은 1999년 2월에 서거하기까지 국제 외교의 수완가로서, 중동 평화를 위한 중재자로서 세계사에 위대한 자취를 남겼다. 현재는 후쎄인 전 왕의 장남인 압둘라 2세 국왕이 왕위를 이어받아 요르단을 통치하고 있다.

전통 장식 및 의상 박물관

로마 원형극장 안쪽으로 들어가 왼편에 자리하고 있다. 규모는 작아도 참고할 만한 주요 자료가 많다. 각종 장신구와 생활용품, 의상들을 요르단 각 지역별로 소개했다. 전통 색실로 정교하게 짠 옷감의 문양과 색상이 독특하며, 여성들의 머리나 옷에 부착하였던 장신구들은 정교한 아름다움을 보여 준다.

결혼 폐물로 신랑이 신부에게 전해 주던 동전이나 둥근 금속을 연결하여 만든 목걸이도 볼 수 있다. 동전을 잃어버린 여성이 그 돈을 찾기까지 수고하고 애쓰다가 찾은 뒤에는 동네 사람들을 불러 잔치를 벌인 성경 속 사연을 이해하게 된다. 결혼 증표를 잃어버리는 것은 파혼 사유가 되었기 때문이다. 박물관 왼쪽 벽면에는 유목민들이 사용하던 아기용 요람과 포대기, 치즈를 만들던 가죽 주머니와 줄, 가죽 부대 등이 전시되어 있다.

교회사에 관심이 있는 사람은 입구 오른쪽 전시실에 마련된 모자이크를 눈여겨봐 두라. 이는 6세기경에 만들어진 마다바 교회의 모자이크를 옮겨다 놓은 것이다.

전통 민속 박물관

로마 원형극장 안에 있으며, 역시 작은 규모지만 지역 거주민의 전통 의상이나 생활 도구를 비롯해 팔레스타인 지역의 다양한 생활상들을 실물 크기의 인형을 이용해 꼼꼼하고 알차게 꾸며 놓았다. 이곳은 성경의 문화나 배경, 유목민들의 생활 풍속을 이해하는 데 많은 도움이 된다. 박물관 입구 왼쪽 지하에 재현해 놓은 전통 결혼 장면에서 성경 시대 사람들의 결혼 풍속도를 엿볼 수 있다. 아울러 베를 짜는 장면이나 가정생활 풍경은 지금도 살아 있는 성경 시대 전통이다.

요르단 대학 박물관

고고학에 관심이 있다면 꼭 방문해 보라. 요르단 대학 시계탑 뒤편에 자리해 있으며, 민속 박물관과 고고학 박물관으로 구성되어 있다. 입장료 없이 요르단의 각 시대에 발굴된 유물들과 생활상을 엿볼 수 있다. 특히 거라쉬(제라쉬) 아르테미스(아데미) 신전 모형은 눈여겨볼 만하다.

요르단 대학 박물관 전경.

고대 암몬 왕국 망대의 자취를 찾아서

망대

암만 주위에는 구약 시대에 축조된 것으로 보이는 많은 망대(Rujm)들이 남아 있다. 이 망대들은 석회암을 쌓아 만든 것으로, 8~22m 정도로 규모가 무척 크다. 이 같은 암몬 시대 망대들은 암만 지역에서만 만날 수 있다.

망대 1

이것은 자발 암만의 자흐란 궁전 근처에서 볼 수 있다. 3서클과 4서클 사이 고고학청 건물 옆에 있는 첫 번째 망대 '루즘 엘말푸우프' (아랍어로 '둥근 망대' 또는 '양배추 망대' 라는 뜻)는 복원 상태가 가장 좋지 못하다.

자발 앗주흐르 지역의 암몬 왕국 시대 망대.

망대 2 　　　　　　　　　　　암몬 시대 망대로 보이는 또 다른 건축물로, 요르단 정보부나 무아싸싸트 앗쌀람 입구에 있는 몬타자 앗샤웁(백성 공원)의 망대를 들 수 있다. 일반 민간인 지역에 있는 흔적 외에도 지금은 군사 지역이 되어 버린 곳에 암몬 시대 건축물로 보이는 것들이 상당히 많다. 상당한 규모의 시설들이 있었음을 짐작할 수 있다.

망대 3 　　　　　　　　　　　자발 앗주흐르 지역(무스타쉬파 알꾸드스: 예루살렘 병원) 정상 언덕에도 암몬 시대 건축물로 보이는 망대를 비롯한 잔해들이 있다. 한동안 일반 주거 공간으로 사용했던 것으로 보인다.

예루살렘 이동로 와디 엣씨르

암만에서 직선 거리로 13km 지점에 있는 와디 엣씨르는, 주로 코카서스인들이 살고 있다. 8서클(두와르 와디 엣씨르)에서 15분 정도 차로 들어서면 깊은 골짜기 사이로 흐르는 시냇물과 정겨운 농촌 풍경이 눈에 들어온다.

와디 엣씨르 골짜기 길은 고대부터 비옥한 초승달 지대와 예루살렘 등을 이어 주었다. 바벨론 포로 생활을 마치고 예루살렘으로 귀환하던 이들이 이 길을 따라 요단강을 건넌 것은 자연스러운 일이다.

라맛 미스베 이라끌 아미르

암만 서쪽 17km, 여리고 동쪽 29km, 요단강 동쪽 17km 지점의 암만과 여리고를 연결하는 주요 교통로였다. 암만 근교의 와디 엣씨

와디 엣씨르 골짜기.

르 외곽 10km 정도 되는 곳에 있어서 아주 쉽게 찾아갈 수 있다.

와디 엣씨르에서 엘 바사 마을을 지나 아름다운 골짜기를 따라 내려가면 해발 426m 지점에 있는 이라끌 아미르에 도착한다.

14개 정도의 BC 5세기경 인조 동굴 유적지가 남아 있으며, 계단을 따라 맨 위에 자리한 동굴은 규모가 가장 크다. 입구 좌우와 안쪽에 만들어진 바위 의자로 미루어 볼 때 지도자들의 회합 장소였던 것으로 보인다. 복원되기 전에는 기병대의 마구간이나 주민들의 염소 우리, 곡초 저장소 등으로 이용되기도 했다.

한편 계단을 따라 올라가다 오른쪽으로 이어지는 두 개의 동굴 외벽에 도비야(Tobiah)의 이름이 새겨져 있는데, 물론 아람어(서셈족에 속하는 아람인들이 쓰던 언어)로 기록되어 있다.

이곳을 보고 나면 느헤미야서의 배경을 쉽게 이해할 수 있다. BC 445년경 느헤미야 일행은, 일꾼들과 물자를 지원받으며 예루살렘으로 이동 중이었다. 바벨론 포로 생활을 청산하고 돌아가던 일행은 오늘날의 8서클 와디 엣씨르 길을 따라 이어지는 길을 지나야 했다. 고대로부터 암만과 여리고, 베들레헴 등지를 연결하는 주요 교통로였기 때문이다. 당시 암만 외곽 이라끌 아미르 지역에 머물고 있던 도비야 일행이 이것을 보게 되었는데, 도비야는 바벨론으로부터 귀환한 이후 도시 재건에 대한 소망 없이 허름한 동굴에 기거하던 중이었

이라끌 아미르의 한 동굴. 입구에 아람어로 '도비야'의 이름이 적혀 있다.

다. 그런 데 느헤미야 일행이 예루살렘 성벽을 재건하고 성전을 다시 짓겠다고 떼를 지어 이동하니 도비야는 아연실색할 수밖에 없었던 것이다.

까스르 엘압드

이라끌 아미르에서 남서쪽으로 500m 정도 떨어져 있다. 이 성터는 BC 2세기경, 지역에서 위세를 떨쳤던 도비야(토비아드) 왕조의 히르카누스가 지은 것으로, AD 362년에 일어난 지진으로 파괴되었다.

트로스(Tyros : 산 또는 바위라는 의미의 그리스어. 이것이 아랍어로 엣씨르가 되었다)라 불리던 이 성을 요세푸스는 "지붕에 이르기까지 하얀 대리석으로 아름답게 다듬어졌고, 동물들의 거대한 형상들이 아로새겨져 있었다"고 묘사하였다.

이 성의 기능에 대해서는 의견이 여럿인데, 신전 또는 왕궁으로만 사용되었다는 의견과 신전과 왕궁을 겸했다는 의견이 있다. BC 175년 히르카누스는 성이 채 완성되지 않은 상태에서 아니오쿠스(Aniochus) 4세에게 패하고 이 성을 떠났다. 비잔틴 시기에는 수도원으로 사용되었다. 오랫동안 폐허로 남아 있었던 유적지가 오늘날의

까스르 엘압드 유적지에 있는 성 안쪽 복원 지역.

형태로나마 복원된 것은 프랑스 고고학자들이 10여 년에 걸쳐 집중적인 복원 작업을 펼친 덕분이다.

전설에 의하면 까스르 엘 압두는 주인의 딸에게 홀딱 반해 버린 종 도비야가 세웠다고 한다. 주인이 멀리 여행을 떠나자 딸의 사랑을 얻고자 궁을 짓고, 벽에 사자들과 독수리, 표범을 새겨 놓았다. 불행히도 주인은 도비야가 일을 마치기 전에 돌아왔고, 결국 그는 수고의 대가를 얻지 못했다.

성 전체를 덮은 조각은 매우 아름답고, 아름다운 호수, 나무와 관목으로 덮인 자그마한 숲 등 주변환경과 조화를 이루었다. 성 건설에 사용한 가장 큰 벽돌은 7×3m에 이른다. 다른 벽돌은 대부분 넓이가 40cm² 정도다.

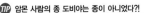

암몬 사람의 종 도비야는 종이 아니었다?!
암몬 사람의 종으로 표현된 도비야의 호칭에 대한 오해를 풀어야 한다. 종으로 표현되었지만, 이는 실은 암몬 왕국의 통치자나 왕실 사람들을 일컫는 호칭이었다. 한국에서 공무원을 '공복'이라 부르는 것과 마찬가지다(느 2:8-19 참조).

까스르 엘압드의 사자상.

인사하지 말라,
거룩한 입맞춤으로 문안하라

성경 본문에 이상스런 지시사항이 있다. 인사도 하지 말라는 말씀이 대표적이다.

이 지역 사람들의 인사는 간단치가 않다. 안부를 묻고 또 묻고 당사자의 가족, 이웃, 친구들의 안부까지 묻고 대답하는 것이 예의이고 친절함으로 받아들여진다. 예수님 시대는 물론 엘리사 시대도 마찬가지였다. 지나친 친절이 간섭이나 참견으로 상대방을 피곤케 하기 때문에 이런 말씀을 하신 것 같다.

성경에 나오는 인사 방식을 보면 목을 안고 입을 맞추는 것이 일반적이었다. 바로 '거룩한 입맞춤'이다. 상대방을 안으면서 체온을 느끼고 볼을 비비면서 입으로 '쪽' 소리를 내 준다. 현지인들은 지금도 이 인사법을 즐겨 사용한다. 성경문화를 생생하게 체험하고 싶다면, 현지인들의 인사법을 눈여겨보았다가 남자끼리 인사를 나눌 때 한번 실습해 보라. 물론 낯선 남녀 사이에는 절대 해서는 안 된다.

엘리사가 게하시에게 이르되 네 허리를 묶고 내 지팡이를 손에 들고 가라 사람을 만나거든 인사하지 말며 사람이 네게 인사할지라도 대답하지 말고 내 지팡이를 그 아이 얼굴에 놓으라(왕하 4:29).

전대나 주머니나 신을 가지지 말며 길에서 아무에게도 문안하지 말며, 어느 집에 들어가든지 먼저 말하되 이 집이 평안할지어다 하라 만일 평안을 받을 사람이 거기 있으면 너희 빈 평안이 그에게 머물 것이요 그렇지 않으면 너희에게로 돌아오리라 그 집에 유하며 주는 것을 먹고 마시라 일꾼이 그 삯을 얻는 것이 마땅하니라 이 집에서 저 집으로 옮기지 말라 어느 동네에 들어가든지 너희를 영접하거든 너희 앞에 차려 놓는 것을 먹고 거기 있는 병자들을 고치고 또 말하기를 하나님의 나라가 너희에게 가까이 왔다 하라(눅 10:4-9).

에서가 달려와서 그를 맞아서 안고 목을 어긋맞기고 그와 입맞추고 피차 우니라(창 33:4).

거룩하게 입맞춤으로 모든 형제에게 문안하라(살전 5:26). Jordan

예나 지금이나 아랍인들의 인사는 꼬리에 꼬리를 잇는다.
제대로 격식을 차려 인사를 나누면 해가 질지도 모를 일이다.

아벨 그라밈 _{나우르}

암만에서 15km, 해발 770m 정도 되는 지점에 위치한 농촌마을이다. 1778년 코카서스 이주민들에 의하여 만들어졌으며 마다바, 쌀트 등지에서 많은 기독교인들이 이주해 들어오면서 새로운 교회가 들어섰다. 1951년에는 로자리 수녀원이 세워졌다. 현재는 거주민의 절반 이상이 팔레스타인 난민이고, 일부만 코카서스인이다. 나우르 (Na' ur)는 아벨 그라밈으로도 추정되는데, 이는 '포도원 지역'이라는 뜻이다.

아로엘에서부터 민닛에 이르기까지 이십 성읍을 치고 또 아벨 그라밈까지 크게 도륙하니 이에 암몬 자손이 이스라엘 자손 앞에 항복하였더라(삿 11:33).

이는 헤스본의 밭과 십마의 포도나무가 말랐음이라 전에는 그 가지가 야셀에 미쳐 광야에 이르고 그 싹이 자라서 바다를 건넜더니 이제 열국 주권자들이 그 좋은 가지를 꺾었도다 그러므로 내가 야셀의 울음처럼 십마의 포도나무를 위하여 울리라 헤스본이여 엘르알레여 나의 눈물로 너를 적시리니 너의 여름 실과 너의 농작물에 떠드는 소리가 일어남이니라(사 16:8-9).

욕브하 _{엘주베이하}

요르단 대학 뒤편에 자리한 엘주베이하(El Jubeiha)는 성경의 욕브하이다. 욕브하는 길르앗 지방의 한 성읍이었다. 기드온은 미디안 군대를 뒤쫓아 이곳까지 와서 적들을 완전 섬멸하였다.

적군이 안심하고 있는 중에 기드온이 노바와 욕브하 동쪽 장막에 거주하는 자의 길로 올라가서 그 적진을 치니(삿 8:11).

얍복강 발원지 아인 가잘

아인 가잘(Ain Ghazal)은 암만과 자르까 사이, 와디 자르까(얍복강 발원지 가운데 하나)에 있는 신석기 시대 유적지로 BC 7250~6500년까지 거슬러 올라간다. 해발 699~725m 정도로, 배수 분지 형태다. 옛날에는 자르까강(얍복강)의 주요 물 공급원으로 활용하던 샘이 있었다.

도시 개발로 인해 유적지 구역이 20% 이상 파괴되었지만, 발굴 작업은 12만 2,314m²(37,000평) 면적의 고대 주거 지역을 중심으로 1982~85년, 1988~89년 사이에 이루어졌다. 그 결과 현존하는 세

얍복강 발원지 아인 가잘.

계에서 가장 오래된 주거 문명의 흔적을 찾아낼 수 있었다. 대표적인 것은 흙 인형이다. 이 문명은 세계에서 가장 오래된 도시 문명으로 인정되는 여리고 문명과 연결되어 있다.

아인 가잘 유적지는 도로에 인접해 있어 차량 소통이 많은 데다가 안내 표지판도 세워져 있지 않아 그냥 지나치기가 쉽다. 사실 이곳에는 고대 문명의 요람이었다는 것을 짐작할 만한 어떤 흔적도 없다. 다만 발굴 작업 과정에서 파헤쳐진 광경만 눈에 들어올 뿐이다.

스웨이피에 비잔틴 교회

스웨이피에 지역은 암만의 패션 중심지로, 다양한 의류점들이 즐비하다. 그 번잡한 공간 한가운데에 멋진 모자이크로 장식한 고대 교회터가 있다. 해발 950m 지점이며, 모자이크에는 요르단 초대 기독교의 생활상이나 사계절의 모습이 담겨 있다.

암만 시내 스웨이피에 있는 비잔틴 교회 유적지의 모자이크.

현대판 포도원 품꾼과 시장 짐꾼들

요르단 암만은 물론이고 도시 곳곳에 펼쳐지는 인력시장 풍경을 보면 성경의 포도원 품꾼 비유가 생각난다. 곳곳에서 새벽녘부터 나와 해가 질 무렵까지 일자리를 기다리는 사람들이 있다. 아침 일찍 나온 이유는 먼저 일자리를 잡고픈 마음에서다. 일도 얻지 못한 채 해질 무렵까지 인력시장을 지키는 것은, 오늘은 일자리를 잡지 못했지만 내일에 대한 혹시나 하는 기대감 때문이다. 예수님 시대에도 구직란으로 어려움을 겪는 품꾼들이 많았다.

> 천국은 마치 품꾼을 얻어 포도원에 들여보내려고 이른 아침에 나간 집 주인과 같으니 저가 하루 한 데나리온씩 품꾼들과 약속하여 포도원에 들여보내고 또 제 삼시에 나가 보니 장터에 놀고 섰는 사람들이 또 있는지라 저희에게 이르되 너희도 포도원에 들어가라 내가 너희에게 상당하게 주리라 하니 저희가 가고, 제 육시와 제 구시에 또 나가 그와 같이 하고, 제 십일시에도 나가 보니 섰는 사람들이 또 있는지라 가로되 너희는 어찌하여 종일토록 놀고 여기 섰느뇨 가로되 우리를 품꾼으로 쓰는 이가 없음이니이다 가로되 너희도 포도원에 들어가라 하니라 저물매 포도원 주인이 청지기에게 이르되 품꾼들을 불러 나중 온 자로부터 시작하여 먼저 온 자까지 삯을 주라 하니 제 십일 시에 온 자들이 와서 한 데나리온씩을 받거늘 먼저 온 자들이 와서 더 받을 줄 알았더니 저희도 한 데나리온씩 받은지라 (마 20:1-10).

시장 주변에는 짐꾼들이 있다. 묘한 풍경은 머리(이마)를 이용하여 짐을 지고 간다는 것이다. 어깨 짐꾼은 찾아보기 힘들다.

> 수고하고 무거운 짐진 자들아 다 내게로 오라
> 내가 너희를 쉬게 하리라(마 11:28). Jordan

갈릴리 호수
시리아
이라크
지중해
요단강
느보 **암만**
헤스본
사해
마다바
이스라엘
사우디아라비아
이집트
홍해

3

르우벤 지파의 영토 아모리 왕국

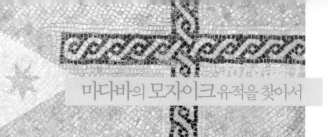

요르단 중부 지방만큼 고대 문명 세력이 각축을 벌인 곳도 드물다. 이곳은 평야 지역이며 동시에 모압 평지에서 산지로, 암몬 지방으로 연결되는 지정학적 · 환경적 요인들로 인해 누구나 탐낼 만한 곳이었다. 모압이 차지한 땅이었으나 후에 아모리 족속에게 빼앗겼다가 다시 탈환했고, 출애굽 당시 이스라엘 백성이 아모리 왕국으로부터 빼앗아 르우벤 지파가 분배받은 땅이다.

아모리 왕국　　　　　　　　　　출애굽 전후한 시기에는 아르논강 북단, 요단강의 동쪽 땅을 일컬어 아모리 족속의 땅이라 불렀다. 모압과 암몬 사이의 헤스본에 수도를 정하고 아모리 왕국이 자리잡고 있었다. 헤스본의 시혼 왕과 바산의 옥 왕이 대표적이다.

르우벤 지파가 분배받은 땅　　　마다바 주변 지역은 르우벤 지파 몫이었다. 르우벤 지파는 오늘날 쌀트 길(갓 골짜기, 와디 슈와이브)까지 이르는 넓고 비옥한 지역을 차지했다. 그 중심에는 마다바(메드바) 평원 지역이 자리하고 있다.

성경에서 마다바는 모압에 있던 옛 성읍 메드바 지역으로 언급되어 있으며, 이곳에서 이스라엘과 모압 간에 잦은 싸움이 일어났다.

오늘날 요르단 중부 지방의 중심지로, 암만에서 30km 정도 떨어져 있다. 비잔틴 시대에는 많은 교회 건축물 때문에 유명했으나 8세기경에 있었던 지진으로 파괴돼 땅에 묻혀 버렸다. 지금은 마다바 모자이크 지도로 널리 알려져 있다.

1880년대에 케락에 살던 2천여 기독교인들이 마다바로 이주하여 비잔틴 시대의 성문, 망대, 예배당 등 옛 유물을 많이 찾아냈다. 30여 년 전까지만 해도 이곳은 기독교인 마을이었는데, 팔레스타인인들이 이주해 들어오면서 현재는 기독교인과 무슬림이 함께 산다.

> 우리가 그들을 쏘아서 헤스본을 디본까지 멸하였고 메드바에 가까운 노바까지 황폐케 하였도다 하였더라(민수기 21:30).
> 곧 아르논 골짜기 가에 있는 아로엘에서부터 골짜기 가운데 있는 성읍과 디본까지 이르는 메드바 온 평지와(수 13:9).
> 병거 삼만 이천승과 마아가 왕과 그 백성을 삯 내었더니 저희가 와서 메드바 앞에 진 치매 암몬 자손이 그 모든 성읍으로 좇아 모여 와서 싸우려 한지라(대상 19:7).
> 그들은 바잇과 디본 산당에 올라가서 울며 모압은 느보와 메드바를 위하여 통곡하도다 그들이 각각 머리털을 없이 하였고 수염을 깎았으며(사 15:2).

마다바 지역은 느보산이나 세례 요한의 순교지인 마캐루스를 오가는 방문자들이 잠시 거쳐 가는 곳이다. 이곳에서 볼 수 있는 유적으로는 모자이크로 장식된 교회와 옛 건물 등이 있다.

마다바 지역의 성 조지 교회를 찾은 순례자들.

성 조지 모자이크 교회

더듬더듬이라도 "웨닐 카리이따?"(지도가 어디에 있지요?) 하고 물으면, 성 조지 교회로 가는 길을 안내해 줄 것이다. 이곳에 있는 모자이크 지도는 고대 팔레스타인 지역을 화려하게 그려 내고 있는데, AD 6세기경의 것으로 추정하고 있다.

성 조지 교회는 고대 교회터 위에 1896년 새로 지은 것이다. 교회에 있는 이 모자이크 지도는 AD 499년에 만들어진 것으로 1894년에 발견되었다. 지도는 고대 근동 지역을 그린 것으로, 북쪽으로는 레바논의 시돈과 두로(티르), 남쪽으로는 이집트의 북부 지역 고센(델타)까지 연결되어 있다.

지도상에 많은 고대 유적지들과 교회들이 나타나 있으며, 예루살렘 지역 지도는 큰 손상 없이 보존되어 있다. 마을과 성의 이름이 그리스어로 기록된 이 모자이크 지도는 지금도 작품성을 인정받고 있다.

성 조지 교회에 밝혀 둔 촛불.

마다바 모자이크 지도

1880년대 초반, 사해 동부 케락 지역(요르단 남동부 지역)에 사는 기독교인들과 무슬림들 간에 갈등이 생기자 기독교인들은 당시 이 지역을 통치하던 오스만 터키 정부에게 마다바로 이주할 수 있도록 허락해 달라는 청원을 제출했다. 오스만 정부는 이주를 허락하면서 조건을 걸었다. 마다바에 교회는 짓되 옛 교회터 위에만 지으라는 것이었다.

마다바는 이미 4~7세기 동안 가장 번성한 대표적인 비잔틴 기독교 도시였다. 그러나 이슬람의 통치 아래 놓이면서 기독교는 점점 쇠퇴했고, 1850년경에는 교회가 거의 폐허가 되다시피했다. 이런 상황에서 케락 지역으로 이주해 온 기독교인들은 교회를 짓기 위하여 옛교회터를 부지런히 찾아냈고, 이 과정에서 그리스정교회 기독교인들이 마다바 모자이크 지도를 발견하게 되었다(1884년).

이 모자이크 지도는 전 교인들이 볼 수 있도록 만들어졌으며, 성지 순례객들이 어느 곳을 둘러보아야 할지를 잘 안내해 주기 때문에 국외 여행이 쉽지 않았던 6세기 이전의 성경의 땅을 보여 주기에 멋진 시각 교재였다. 또한 지금은 비잔틴 시대의 팔레스타인과 요르단, 하이집트(이집트 북부 나일강 하류 지역) 등지의 지리학을 연구하는 데 귀중

요단강 나루와 사해 주변 지역이 그려진 마다바 모자이크 지도.

한 사료(史料)다. 이 지도 이전에 존재하던 중요 지도는 4세기에 만들어졌으며 로마 비잔틴 제국 전체의 부분 지형도로 로마 제국 내에서 행정용으로 사용했다. 현재 비엔나 박물관에 소장되어 있으나 원본이 아닌 복사본이다. 이에 반하여 마다바 지도는 6세기 저스틴 황제(AD 527~565) 당시의 원본이다.

조감도 형식으로 만들어진 마다바 지도에는 몇 가지 오류가 있다. 수평을 이루어야 할 몇 지역이 그렇게 나타나 있지 않다는 점이다. 데오도시우스 부주교(AD 518~530), 피아첸자 출신인 익명의 순례자(570년경) 등의 구술을 토대로 제작한 것으로 보이며, 지도에 묘사된 예루살렘 지역은 550년경 전해 내려오던 예루살렘의 간략한 묘사에 바탕을 둔 것이다.

최소 6세기 후반의 것으로 보이나 정확한 제작 연대는 추정이 어렵다. 614년 페르시아가 이 지역을 처들어와 지도를 손상시키고 교회를 파괴하였다. 그런데도 이 교회는 8세기 무슬림들이 이곳을 장악하기 전까지 실제 예배당으로 사용되었던 것으로 보인다.

지도 중심에는 예루살렘이 자리하고 있고, 페니키아(베니게) 해변 남쪽부터 시내산, 알렉산드리아 성메나 수도원, 멤피스(놉), 헬리오폴리스(온)도 표시되어 있다. 아마도 원형에는 이집트 남부 테베(룩소)가 포함되어 있고, 요단강이 사해로 흘러 들어가고, 케락(카라크 모바)과 사막의 첫 부분이 보이는 요르단 동부의 산지와 다마스커스, 보스라와 암만이 그려져 있었을 것이다.

나블로스에 이르는 팔레스타인 중북부 지방(사마리아), 알칼릴(헤브론)에 이르는 팔레스타인 중남부 지역, 지중해변의 아스돗, 아스글

ⓣⓘⓟ 현재 남아 있는 마다바 모자이크 지도는 길이 10.5m, 폭 5m, 넓이가 약 30㎡이다. 대략 70~80만 개의 모자이크 돌이 들어갔다. 이 모자이크에 사용된 돌 하나의 크기는 약 1d㎡이다. 원본의 크기는 93㎡로 약 110만 6천여 개의 모자이크 돌이 사용된 것으로 보인다. 이 같은 수치는 이 지도를 복원 작업한 독일협회에서 1965년 추정해서 나온 것이다. 당시 복원팀은 전체 크기를 15.6m×6m = 93㎡로 계산하였다. 그렇다면 이것을 만들기 위해 시간은 얼마나 걸렸을까? 당시 모자이크 전문 기술자들은 1시간에 약 200여 개의 돌을 놓을 수 있었다. 이것을 기준으로 한다면 약 5,580시간이 걸린 셈이다. 전문가 세 명이 하루 10시간씩 함께 작업했다고 가정하면 약 186일치 작업량이다.

론, 가자 지역과 남쪽 사막(네게브)의 브엘쉐바와 지중해 일부, 이집트의 시나이 반도와 나일 델타 지역(북부 지방) 등이 드러나 있다. 서쪽으로는 자연스럽게 지중해(대해)가 경계를 이루고 있는데 바다에 그려진 선박 모자이크 하나가 남아 있다.

마다바 박물관

마다바 경찰서 근처 작은 박물관에도 이곳에서 발굴된 잘 그려진 모자이크 지도가 전시돼 있다. 마다바 주변 지역 유적지에서 나온 고대 유물들과 요르단의 전통을 소개하는 작은 전시실이 마련되어 있다. 마다바 주변 지역에서 나온 다양한 형태의 모자이크와 교회 건축 양식을 옮겨 놓은 야외 전시실이 특히 눈길을 끈다.

마다바 박물관. 비잔틴 교회 유적이 넘쳐 난다.

색돌을 하나하나 붙여 모자이크를 만들고 있다.

마다바에서 서쪽으로 약 10km 정도에 자리한 느보산은 오늘날 '시야가'(Siyagha)로 불린다. 느보산 지역은 사해의 북동 지역과 여리고 등을 바라볼 수 있는 산악 지대이다. 모세가 약속의 땅을 바라보았던 '비스가산' 또는 '느보산'이 이 지역이라고 한다.

아바림산

아바림은 '건너편 지역'이라는 뜻의 히브리어다. 사해 동쪽 해안에서 솟아오른 산악 지대로, 이스라엘 백성이 요단강에 도착하기 전 마지막으로 진을 쳤던 곳이다. 모세는 이 지역의 느보산에서 가나안 지역을 바라보았다.

여리고 맞은편 요단강 동편 32km 지점에 있는 아바림산은 해발 503m 정도의 모압 평원 돌출부다. 비스가 산록, 비스가산(꼭대기), 아바림산, 느보산 등이 성경에 반복적으로 나타나는데, 정리하면 아바림산의 비스가 산록의 느보산(봉우리) 정도가 될 듯싶다. 참고로 팔레스타인 지역에서는 산으로 불리는 것 가운데 봉우리에 해당하는 것들도 많다. 현 지명 자발 엔나비(선지자의 산) 또는 자발 느보가 아바림산이다.

느보산 또는 비스가산의 정확한 위치는 알 수 없으나, 이 산맥의 한 지점임에는 틀림없다. 오늘날 모세 기념교회가 있는 자발 시야가는 아바림산의 한 봉우리다.

아다롯과 디본과 야셀과 니므라와 헤스본과 엘르알레와 스밤과 느보와 브온, ……느보와 바알므온들을 건축하고 그 이름을 고쳤고 또 십마를 건축하고 건축한 성읍들에 새 이름을 주었고, ……알몬디블라다임에서 발행하여 느보 앞 아바림산에 진쳤고(민 32:3-33:47).

모세가 모압 평지에서 느보 산에 올라 여리고 맞은편 비스가산 꼭대기에 이르매 여호와께서 길르앗 온 땅을 단까지 보이시고(신 34:1).

모세 기념교회

394년경 모세를 기념하여 모세의 무덤 위에 처음 세웠다는 교회 터가 복원되어 있으며, 프란체스코 수도회 신부들이 관리한다. 모세의 무덤이 있었다는 전설에 따라 초대 기독교인들이 이곳을 순례하고 수도원을 지은 것으로 보인다.

이 교회 바닥에 새겨져 있는 4세기 모자이크 장식은 종교화로서의 의미는 물론 당시 이곳 주변 지역의 환경까지 아름답게 담아내는 훌륭한 작품이다. 멧돼지, 코끼리, 사자를 사냥하는 장면을 비롯하여 타조, 각종 꽃나무 등이 등장한다.

모세 기념교회 앞 공터 전망대에서 바라보면 멀리 사해와 여리고

느보 성읍.

지역이 눈에 들어온다. 날이 맑은 날은 더 멀리까지 볼 수 있다. 모세가 이곳에서 사해와 여리고 지역을 바라다보았고, 죽음을 맞이하였다는 사실을 떠올려 보는 것도 의미 있을 것이다. 모세 앞에는 지나온 시간들과 아직 마무리되지 않은 가나안 땅 입성이라는 꿈이 자리하고 있었다. 하지만 모세는 그 모든 것에 집착하지 않고 결단을 통해 포기했다. 포기하여야 할 순간에 집착하지 않는 용기, 거기서도 그의 위대함이 드러난다.

산상에 세워 놓은 놋뱀 조각물은 모세를 거역했던 이스라엘 민족의 범죄로 인하여 불뱀에 물려 죽은 사건의 상징물(민 21:6-10)이다. 종종 이 놋뱀이 모세가 들어올렸던 그 놋뱀이냐고 묻는데, 모세를 기념하여 세워 놓은 조형물일 뿐이다. 그럼에도 불구하고 이 놋뱀 조형물을 두고 모세의 놋뱀이라고 확신(?)하는 방문자들이 꽤 많다. 하긴 이스라엘 백성조차 모세가 사용한 진짜 놋뱀을 신성시하여 성전에 두었으니 이상할 것도 아니다.

> 여러 산당을 제하며 주상을 깨뜨리며 아세라 목상을 찍으며 모세가 만들었던 놋뱀을 이스라엘 자손이 이때까지 향하여 분향하므로 그것을 부수고 느후스단이라 일컬었더라(왕하 18:4).

로마 이정표

놋뱀 조각물 오른쪽에 둥근 돌기둥이 두 개 있는데, 이것이 로마 이정표다. 인근 지역에서 발견해 이곳에 옮겨 놓았다. 로마 이정표는 로마가 다스리던 주요 도시를 표시한 것으로 마다바 주변 지역에서 집중적으로 발견되었다. 로마 시대에 이 지역이 중요한 역할을 했음을 보여 주는 유물이다.

모세 기념교회.

로마 이정표.

모세 기념교회에 있는 놋뱀 조형물.

느보 성읍 키르벳 마카이야트

느보산으로 들어가기 전에 남동쪽(왼쪽 갈래길)에 있으며, 느보산에서부터 3km 정도 떨어져 있다. 이곳에서는 비잔틴 교회에 새겨진 다른 모자이크를 볼 수 있다. 남아 있는 교회 건물은 6~7세기에 지어진 것이며, 모자이크를 통해 당시 생활상을 볼 수 있다. 성경에서는 이곳을 느보 지역의 성읍으로 기록한다. '느보'라는 명칭은 르우벤 지파에서 유래한 것으로, 이전에 있었던 성읍을 빼앗아 다시 이름을 지어 붙인 듯싶다.

벧 브올 아윤 무사

시야가 교회 남동쪽(오른쪽 갈래길) 2km 아래 골짜기에는 아윤 무사라 불리는 키르벳 아윤 무사가 있다. 이곳을 관찰하려면 시야가 직전 오른쪽 갈래길로 20여 분 걸어 내려가면 된다. 오늘날은 펌프장이 자리하고 있는데, 과거 벧 브올 지역으로 추정한다.

시야가 교회 왼쪽에 있는 둥근 언덕은 브올의 아들 발락이 발람에게 모압 평지에 있던 이스라엘 자손을 향하여 저주를 퍼부어 달라고 요청했던 곳으로 알려져 있다. 그러나 이 장소는 당시 이스라엘 백성이 집단으로 정착하고 있던 지역 한복판이므로 이 주장은 그리 적절하지 않은 듯하다. 발람 선지자의 예언 장소는 사해와 좀더 가까운 쪽에 있는 한 언덕으로 보는 것이 더 바람직하다.

싯딤 골짜기

싯딤 골짜기는 싯딤 나무(아카시아 나무)가 많은 골짜기 지역을 말한다. 이스라엘 백성은 여호수아의 지도를 받아 요단 강변으로 나아가기 전까지 싯딤 골짜기에 머물렀다. 싯딤 골짜기는 모압 평지와 맞닿은 골짜기까지 이어진다. 느보산에서 모압 평지로 이동하는 중간 지점에 펼쳐지는 고원 평야 지대가 싯딤 골짜기인데, 요르단 군 검문소가 보이기 직전의 준평야 지역을 모두 일컫는다. 골짜기라면서 눈앞에 드넓은 평지가 펼쳐진다고 하여 당황할 필요는 없다. 성경 시대에는 산과 산 사이에 있는 공간을 골짜기라고 부르곤 했기 때문이다.

한편, 이스라엘 백성은 여호수아가 요단 강변으로 나아가라고 지시하기 전까지 싯딤 골짜기에 은신하며 모압 평지에 모습을 드러내지도 못했다. 여리고 군대나 가나안 거주자들을 두려워했기 때문이다. 여호수아가 3일 안에 가나안 땅에 들어갈 것이라 공약했을 때도, 정탐꾼을 투입시켰을 때도, 적군의 위용과 강한 군사력에 잔뜩 주눅 들어 있었던 것 같다. 그러다 정탐꾼이 돌아온 뒤에야 용기 백배하여 목소리를 높인다. 정탐꾼 가운데 라합이 가지고 온 이야기를 하나님의 말씀으로 받아들였던 것이다.

전쟁은 칼과 군사력이 아니라 하나님께 달려 있음을 알게 되기까지 이스라엘 백성은 싯딤 골짜기에 숨어 있었다. 목표물을 바라만 보고 있다고 목표가 달성되는 것은 아니다. 싯딤 골짜기를 넘어 자신의 모습을 드러낼 때 목표가 달성된다. 싯딤을 넘어 자신을 드러내는 용기가 필요하다.

싯딤 골짜기 너머로 모압 평지와 여리고 평지가 이어진다.

헤스본 히스반

　매우 중요한 장소임에도 불구하고 잘 가지 않는 곳 가운데 하나가 헤스본, 즉 텔 히스반이다. 모압 고원 평지의 북쪽 언저리에 위치한 고대 아모리 왕국의 수도였던 헤스본(Heshbon) 언덕에 올라 주변 지역을 살펴보는 것은 성지 답사에서 꽤 소중한 경험이 될 것이다. 날이 맑은 날이면 느보산은 물론이고 마다바 평야 전체가 한눈에 들어온다. 왕의 대로의 흐름을 짐작하기에 더없이 좋은 전망대다.

　히스반은 마다바와 나우르를 연결하는 고속도로(24km) 중간 지점에 있다. 마다바에서 9km, 느보산 북동쪽에서 8km, 암만에서 19km, 예루살렘에서 60km, 요단강에서 25km 정도 떨어져 있다. 오늘날의 히스반 마을 가까이 해발 895m에 있는 약 1,520m²(460평) 면적의 언

헤스본 유적지 정상의 비잔틴 교회 유적.

TIP 텔: 텔은 아랍어나 히브리어로 '언덕'을 의미한다. 고고학에서 사용하는 텔이라는 단어는 자연 언덕을 가리키는 말이 아니다. 시대를 거듭하면서 과거에 있었던 도시 흔적들이 쌓이고 쌓여서 형성된 역사 언덕을 말한다.

덕(텔 히스반) 위에 고대 헤스본 도시 유적이 남아 있다.

가나안 정복 과정에서 이 땅을 분배해 달라고 르우벤과 갓 지파가 대결(?)한 결과 르우벤이 차지하게 되었으며, 레위 지파는 땅 일부를 그들의 몫으로 분배받았다. 요세푸스의 모압 지역 도시 명단(Antiq. Ⅷ, 397)에 나오며, BC 129년에 마카비 가문의 요한 히르카누스가 마다바 지역(이름이 구체적으로 나오지 않지만 히스본이 포함되는 지역)을 점령했다(Antiq. Ⅷ, 255)고 적고 있다. 알렉산더 얀네우스 통치 기간(BC 103~76)의 모압 지역 유대인 주거 지역 명단에 히스본이 나온다.

헤롯 왕은 이곳을 요새화시켰고, 후기 로마 시대에 아우렐리아 에스부스의 이름을 딴 도시로 발전하여 에스부스(Esbus)라 불리는 번성한 성읍이 되었다. 유세비우스는 이곳(당시 이름 헤스부스(Hesbous), 책자마다 철자가 약간씩 다르다)에서 제우스 하다드 신에게 제사를 드렸다고 기록하고 있다(Onom. 84:4). 후에 요르단이 기독교화했을 때에는 주교좌가 설치되기도 하였다.

8세기 이후 헤스부스라는 이름은 역사 기록에서 사라지고, 후에 히스반이라는 아랍 이름이 남았다. 로마 시대 유적들은 폐허화된 상태로 마을 북쪽 왼편 언덕에 자리하고 있다. 발굴 작업은 1967년 여름에 계획되었는데, 6일 전쟁의 여파로 연기되었다가 1968년 지그프리트(H. Horn Siegfried)의 지도하에 진행되었다. 이후 1971, 1973,

헤스본 성의 고대 저수로.

1974, 1976년에 발굴이 계속되었다.

발굴 결과 "눈은 헤스본 바드랍빔 문 곁의 못 같고……"(아 7:4)에서 언급하는 유적들이 드러나기도 했다. 가장 분명하게 나타난 유적은 아랍 시대 것이다. '바드랍빔 문'의 흔적은 찾아보기 힘들지만 위치는 유적지 정상 북서쪽에 있다.

또 그가 요단 동편에 있는 아모리 사람의 두 왕 곧 헤스본 왕 시혼과 아스다롯에 있는 바산 왕 옥에게 행하신 모든 일을 들었음이니이다 (수 9:10).

헤스본에 거하던 아모리 사람의 왕 시혼이라 그 다스리던 땅은 아르논 골짜기 가에 있는 아로엘에서부터 골짜기 가운데 성읍과 길르앗 절반 곧 암몬 자손의 지경 얍복강까지며 그 치리하던 땅은 헤르몬 산과 살르가와 온 바산과 및 그술 사람과 마아가 사람의 지경까지의 길르앗 절반이니 헤스본 왕 시혼의 지경에 접한 것이라(수 12:2-5).

헤스본에 도읍하였던 아모리 사람의 왕 시혼의 모든 성읍 곧 암몬 자손의 지경까지와 ……헤스본과 그 평지에 있는 모든 성읍 곧 ……평지 모든 성읍과 헤스본에 도읍한 아모리 사람 시혼의 온 나라라 ……헤스본에서 라맛 미스베와 브도님까지와 마하나임에서 드빌 지경까지와 골짜기에 있는 벧 하람과 벧 니므라와 숙곳과 사본 곧 헤스

본 왕 시혼의 나라의 남은 땅 요단과 그 강가에서부터 요단 동편 긴 네렛 바다의 끝까지라(수 13:10-27).

엘르알레 엘알

나우르에서 히스반으로 도로를 따라서 북쪽으로 3km 정도(헤스본에서 1.5km 떨어진 지점) 올라가면 엘알(El Al) 마을이 나온다. 이 마을 외곽 오른쪽 바위 언덕에는 키르벳 엘르알레가 있다. 이곳이 성경에서 말하는 엘르알레(하나님은 높으시다)이다.

성경에서는 '헤스본과 엘르알레'로 함께 일컬어지고 있다. 직경 400m 정도 되는 오늘날의 유적지는 그리스 로마 시대의 역사를 고스란히 보여 준다. 이 유적지 외벽의 역사는 청동기 시대까지 거슬러 올라간다.

엘르알레 너머로 헤스본이 눈에 들어온다.

바알 므온 함마마트 마인

요르단 곳곳에 온천 지역이 있는데, 헤롯 왕은 그 가운데 중요한 곳마다 자신의 별장을 만들어 두었다. 가장 대표적인 곳이 함마마트 마인(마인의 온천)이다.

마다바 남서쪽 도로를 따라 약 14km 정도 가면 온천수와 온천 폭포가 노천에 흘러넘치는 '함마마트 마인'에 이르는데, 와디 자르까와 인접한 온천이라고 해서 '자르까 마인'이라고도 한다.

아마도 구약 시대부터 온천으로 유명했을 것으로 보이며, 오늘날은 치료와 휴식을 위하여 많은 사람들이 이곳을 찾고 있다. 비싼 입장료를 내고 실내 사우나탕(한국식 목욕탕)에서 온천욕이나 사우나를 하는 방법도 있지만, 노천 온천은 무료로 사용할 수 있다. 물론 여성 여행자는 절대 삼가야 한다.

야하스 립

마다바에서 케락으로 가는 35번 지방도로를 따라가면 약 13km 지점에서 교차로를 만난다. 이곳 마을 이름이 '립'(Libb)이다. 성경에 나오는 야하스(Jahas) 지역으로 추정되는 교통로로, 한때 아모리 왕 시혼이 다스렸던 땅으로 언급된다.

시혼이 그 모든 백성을 거느리고 나와서 우리를 대적하여 야하스에서 싸울 때에(신 2:32).

시혼이 이스라엘을 믿지 아니하여 그 지경으로 지나지 못하게 할 뿐 아니라 그 모든 백성을 모아 야하스에 진 치고 이스라엘을 치므로(삿 11:20).

함마마트 마인.

아다롯 아따롯

립에서 엘 무카위르로 가는 지방도로를 타고 10km 정도 가다 보면 아따룻(Ataruz) 마을이 나온다. 아따룻은 고대 아다롯(Athroth)으로, 갓 지파의 땅이었다. 이스라엘의 오므리 왕이 요새화했다가 후에 메사 왕에게 빼앗긴 역사가 있다.

한때는 거대한 성벽으로 둘러쳐진 도시였지만 오늘날 그 웅장함은 찾아볼 수 없다. 다만 이 지역의 폐허화된 텔(언덕)에 잔해만 남아 있을 뿐이다.

> 아다롯과 디본과 야셀과 니므라와 헤스본과 엘르알레와 스밤과 느보와 브온(민 32:3).
>
> 벧엘에서부터 루스로 나아가 아렉 사람의 경계로 지나 아다롯에 이르고 ……에브라임 자손의 그 가족대로 얻은 것의 경계는 이러하니라 그 기업의 경계는 동으로 아다롯 앗달에서 윗 벧 호론에 이르고 ……야노아에서부터 아다롯과 나아라로 내려가서 여리고에 미치며 요단으로 나아가고(수 16:2-7).
>
> 또 그 경계가 거기서부터 루스로 나아가서 루스 남편에 이르나니 루스는 곧 벧엘이며 또 그 경계가 아다롯 앗달로 내려가서 아래 벧 호론 남편 산 곁으로 지나고(수 18:13).

세례 요한 순교지 마캐루스

별것 아닌 체면으로 진실과 정의를 외면하는 경우를 종종 경험한다. 그 대표적인 인물이 헤롯이었고 그 희생자가 당시 최고의 하나님의 일꾼 세례 요한이었다.

세례 요한 순교지 마캐루스는 암만에서 67km, 마다바에서 남서쪽으로 50km 정도 떨어져 있다. 립에서 오른쪽 길로 들어서서 '바니

하미다 하우스'를 지난 22km 지점으로, 해발 700m 정도 된다. 현지 지명은 '깔라트 엘미쉬나까'이며, 사해와 요단강이 만나는 지점에서 30km도 채 떨어져 있지 않다. 유적지 정상 넓이는 100×60m 정도 된다.

요세푸스는 이곳을 알렉산더 얀네우스(BC 103~76)가 세웠다고 전해지는 고대 마캐루스 궁전으로 소개한다. 당시 알렉산더 얀네우스는 나바트 왕국과의 접경 지역인 이곳을 국경 도시로 개발하였다. 로마가 이곳을 장악한 다음에는 BC 67년 폼페이우스에 의해 파괴되었다. 이후 건축광으로 알려진 헤롯 대왕은 이곳을 그의 여름 궁전으로 재건하였다. 또한 이곳은 41년경 헤롯 안티파스가 세례 요한을 옥에 가두고 후에 그의 머리를 자른 곳으로도 알려져 있다. 성경에 따르면 헤롯 안티파스는 요한의 명성이 두려워서, 또한 그의 두 번째 결혼에 대한 반대가 여론을 탈 것이 두려워 요한을 죽였다.

AD 66년에 유대인이 반란을 일으키고 70년에는 예루살렘이 함락되자 적잖은 유대인들이 이곳에 와 도피처를 만들었다. 마사다와 더불어 로마에 대항하는 저항운동이 계속된 곳이기도 하다. AD 72년 로마 통치자 바수스(Bassus)가 이곳을 파괴하고 거주민들을 죽였으며, 이후 폐허가 되었다. 오늘날 이곳에는 헤롯의 궁전터와 성채의 흔적들이 남아 있다. 마사다 요새보다 조금만 더 버텼더라면 오늘날 마캐루스 요새는 수많은 유대인들이 즐겨 찾는 장소가 되었을 것이다.

마캐루스 산정을 오르내리다 보면 주변 유목민들이 한눈에 들어온다. 주변 산들은 사암층으로, 봄철에는 얇게 풀이 덮이곤 한다. 계곡 쪽에는 덤불들과 작은 나무들이 소담스레 자라고 있다. 정상에 올라서 보면 멀리 사해와 여리고를 비롯한 이스라엘과 팔레스타인 지구(서안 지구)가 눈에 들어온다. 정상 건너편 이스라엘 지역 산지에는 쿰란 지역이 보인다.

그렇다면 세례 요한은 왜 이곳에서 죽임을 당했을까? 세례 요한의 중심 사역지는 요단강 건너편 베다니(오늘날의 와디 엘까르라르 유적지)였고, 이곳 무캐위르는 헤롯 안티파스의 통치 지역이었다. 아마도 세례

요한의 사역지 와디 엘까르라르에서 헤롯 안티파스의 스캔들을 두고 공개적으로 비난을 했던 듯싶다. 그러자 헤롯은 정치적인 기반 약화와 도덕적인 공격으로 인하여 야기될 여러 혼란을 막기 위하여 세례 요한을 그의 여름 별장으로 압송해 온 것으로 보인다.

하지만 헤로디아와의 정략 결혼은 실패하고 말았다. 그는 분봉왕이 아닌 아그립바와 같은 왕이 되고 싶어 로마 정권에 줄이 닿아 있던 헤로디아를 발판으로 삼으려 했다. 그런데 그를 눈엣가시처럼 보던 여러 정적(政敵)과 아레다 4세 왕은 헤로디아의 전남편의 주변 인사들이었다. 원한 관계에 있던 사람들이 자연스럽게 정적으로 형성되었다. 헤로디아의 오빠인 아그립바 왕 역시 안티파스의 정적이었다.

마침내 AD 36년, 헤롯 안티파스가 로마를 방문했을 때 아레다 4세 왕이 그의 영토를 침공하였다. 그러자 로마의 티베리우스 황제는 그의 새로운 충복 안티파스의 청을 받아들이고, 아레다 왕을 징벌하

마캐루스. 요새 위로 물을 끌어올려 주던 수도교 흔적이 보인다.

기 위하여 비텔리우스를 사령관으로 임명하였다. 그렇지만 이 인물
은 헤로디아의 전남편의 동료였다. 비텔리우스는 시간을 질질 끌면
서 작전을 지연시켰다. 얼마 뒤 티베리우스 황제가 죽고 칼리굴라 황 109
제가 즉위했다.

한편, 헤로디아는 안티파스가 기대한 대로 그의 충실한 조력자였
다. 그를 충동하여 아그립바 왕처럼 왕의 칭호와 직위를 황제에게
구하도록 재촉하였다. 그렇지만 결국에는 파국을 불렀다. 헤롯 안
티파스는 그가 로마에 머무는 동안 반역죄로 체포되어 고울(Gaul)
지방으로 유배되었고, 그의 영토는 당연히 아그립바 왕에게 넘어갔
다. 안티파스가 군사 7만여 명을 완전 무장하고도 남을 정도의 무
기를 비축하고 있었던 것이 빌미가 되었던 것이다. 정확히 이것이
반역을 꾀하기 위한 것이었는지, 아니면 다른 이유가 있었던 것인
지는 명확하지 않다. 그러나 이런저런 이유를 살펴볼 때 정적들의

모함을 받지 않았나 싶다.

> 전에 헤롯이 자기가 동생 빌립의 아내 헤로디아에게 장가 든고로 이
> 여자를 위하여 사람을 보내어 요한을 잡아 옥에 가두었으니 …… 헤
> 로디아가 요한을 원수로 여겨 죽이고자 하였으되 하지 못한 것은
> …… 헤로디아의 딸이 친히 들어와 춤을 추어 헤롯과 및 함께 앉은
> 자들을 기쁘게 한지라 왕이 그 여아에게 이르되 무엇이든지 너 원하
> 는 것을 내게 구하라 내가 주리라 하고(막 6:17-22).

유적지 정상으로 올라가다 보면 중간 즈음에 말라 버린 물 저장소
가 있는데, 세례 요한이 그곳에 갇혀 있었다는 이야기가 있다. 하지
만 신빙성은 별로 없어 보인다. 왜냐하면 마캐루스 헤롯 별궁은 헤롯
이 연중 사용하는 곳이 아니었다. 그런 곳에 별도로 감옥 시설을 만
들어 두었을 가능성은 희박하다.

또한 고대 궁궐이나 특수 시설물에서 무엇보다 중요한 것이 바로
물 저장소다. 그러므로 물 저장소가 말라 버리는 것은 참으로 위급한
상황이었을 것이다. 더구나 물 저장소를 만들기가 쉽지 않았을 텐데
비어 있는 물 저장소를 그냥 놀려 둘 이유가 없다. 또한 헤롯 안티파
스에 의해 세례 요한이 죽임을 당한 시기는 대략 예수님이 세례 받으

와디 엘왈라.

신 지 반 년 만의 일이다. 예수님이 세례 받으신 때가 1～2월 겨울철이었고, 세례 요한의 죽음이 12월로 추정되는데 겨울 우기에 물 저장소가 말라 있다는 말은 좀 무리가 있다.

키르벳 이스칸데르

마다바에서 남쪽으로 24km, 암만에서 남서쪽으로 56km 정도 떨어져 있다. 암만과 케락을 연결하는 35번 지방도로를 따라 케락 방향으로 가다 보면 나무가 우거진 험난한 골짜기가 나타난다. 이곳이 와디 엘왈라(Wadi el Wala)이다. 와디 엘무집 지방의 외곽에 속하는 곳으로, 와디 엘왈라 골짜기 주변에는 마르지 않고 흐르는 개울이 있다. 이 지역 연중 강수량은 250mm에 이른다. 골짜기 사이에는 마다바와 디반을 연결하는 다리가 있다.

골짜기로 들어서기 전 오른쪽 비탈길(이곳에 키르벳 이스칸데르 표지판이 크게 세워져 있다)을 따라 조금 들어가면 오른쪽 언덕 위에 키르벳 이스칸데르 유적지가 나온다. 그런데 유적지 자체에는 아무런 표지판도 없다. 처음 35번 도로에서 표지판을 따라 들어오다가 왼쪽으로 건물이 보이면 오른쪽 언덕 위로 올라가면 된다. 이곳은 초기 청동기

키르벳 이스칸데르.

시대 마을이며, 해발 484m로 주변 지역보다 약 20m 높다. 물이 부족한 요르단은 와디 엘왈라에도 댐을 건설하여 관리하고 있다.

디본, 디본 갓 ^{디반}

암만에서 35번 국도를 따라 65km 떨어진 곳에 있으며, 마다바 남쪽으로 해발 690m에 자리한 작은 마을이다.

디반(Dhiban)은 모압 왕 메사의 고대 수도가 있던 고대 '디본'으로, 한때 모압 왕국의 중심 도시로 번성하였다. 특별히 모압의 메사 왕 때 이스라엘의 지배로부터 벗어난 후 BC 580년경 바벨론 제국이 이곳을 점령하기까지 거의 250여 년 동안 디반을 중심으로 번영을 누렸다. 그 뒤로는 오늘날까지 작은 마을 형태를 띠고 있다.

구체적인 발굴 작업은 1950년에 예루살렘에 있던 미국동양연구소(the American School of Oriental Research in Jerusalem)가 시작했는데, 발굴 결과 이 지역 문명은 초기 청동기 시대인 BC 3000년경까지 거슬러 올라갔다. 고고학적 지층(Tell)의 발굴 결과, 나바트, 로마, 비잔틴, 아랍 시대의 도시가 이곳에 있었던 것으로 나타났다. 나바트 시대 것으로 보이는 회당이 발굴되기도 하였다.

발굴 작업은 미국동양연구소에서 해마다 이어서 진행 중이며, 발굴된 성벽과 무덤, 토기 등에는 초기 청동기 문명의 흔적이 남아 있다.

주요 유적지층은 모압 왕국 시대로 거슬러 올라간다. 당시 모압의 메사 왕은 성벽 두께를 2.3~3.3m로 축조해 이 성을 요새화했으나, BC 582년에 느부갓네살 왕에게 무너졌다. 이후 잠시 앗수르의 영향권에 들었다가 나바트인들의 신전과 비잔틴 제국하의 교회 문명이 자리를 잡았다.

텔 디반

디반 마을이 나오자마자 오른쪽으로 난 길을 따라 바로 들어가면
정면 오른쪽 언덕 위에 있다. 와디 엘무집에서 마다바로 올 경우는
디반 마을을 벗어나 비탈길로 내려가기 직전 왼쪽 길을 따라 들어가
면 된다. 길가에서도 텔 디반 유적지가 작게 보인다.

우리가 그들을 쏘아서 헤스본을 디본까지 멸하였고 메드바에 가까운
노바까지 황폐케 하였도다 하였더라(민수기 21:30).
디본에 거하는 딸아 네 영광 자리에서 내려 메마른 데 앉으라 모압을
파멸하는 자가 올라와서 너를 쳐서 네 요새를 파하였음이로다(렘
48:18).

텔 디반.

메사 비문(모압 비문)

(×××로 표시된 부분은 석비가 훼손되어 안 보이는 부분이다.)

나는 그모스의 아들, 모압의 왕, 디본 사람 메사이다. 내 아버지는 30년 이상 모압을 치리하였으며, 나는 내 아버지의 뒤를 이어 왕이 되었다. 나는 까르호흐(Qarhoh)에 그모스를 위해 산당을 마련하였다.

내가 이 성소를 세운 것은 그모스(Chemosh: 파괴자라는 의미를 가진 모압의 신. 민 21:29; 렘 48:7, 13, 46 참조)가 나를 모든 왕들에게서 구원해 주고, 또 나로 하여금 그들을 이기게 해 주었기 때문이다.

이스라엘의 왕 오므리가, 그모스가 그의 땅(모압)에 대해 진노를 품었기 때문에 모압을 여러 해 동안 지배하였다. 그의 아들(아합)이 아버지의 대를 이었으며, 그도 역시 "내가 모압을 지배하리라" 장담하였다. 나의 재위 중에 그가 그처럼 호언했으나 나는 그와 그의 집안을 무찔렀다. ×××으며, 이스라엘은 영원히 멸망하였다.

전에는 오므리가 메드바(마다바) 땅을 차지하였고, ×××여 그의 때에 그곳에 살아왔고, 그의 아들의 임기 절반인 40년간을 그곳에 머물렀다. 그러나 나의 때에 이제는 그모스가 그곳에 머물게 되었다.

나는 바알 므온을 건설하여 그곳에 저수지를 만들어 두었다. 까르야텐(Qaryaten)도 건설하였다. 가드 사람(갓 지파 사람들로 풀이할 수 있다. 아마도 모압 사람들은 요단강 동편에 거주하고 있던 이스라엘 사람들을 갓 지파 사람으로 부르기도 했던 것으로 보인다)들이 아따룻 땅에 오래 거하고 있었는데, 아따룻은 이스라엘 왕이 그 도시들을 자신을 위하여 만든 것이다. 나는 그 성읍과 싸워 쳐서 취하였으며, 이겼으며, 그 성읍에 사는 모든 사람은 그모스와 모압을 위하여 하나도 남기지 않고 죽여 버렸다. 그것에서 나는 그들의 우두머리 아리엘(Ariel)을 케리옷(Qerioth: 성경에는 그리욧으로 표기됨. 수 15:25; 렘 48:24; 암 2:2 참조)에 있는 그모스 신 앞으로 끌고 갔다. 그러고는 샤론 주민들과 마하릿(Maharith) 주민들을 그 성읍에 이주시켰다.

그모스께서는 나에게 "이스라엘이 가진 느보를 쳐서 빼앗으라"고 명하셨다. 그래서 밤에 올라가 새벽부터 정오까지 싸웠다. 드디어 그 성읍을 탈취하고 그 안에 있는 모든 사람들, 곧 장정 7천 명과 부녀자까지 모두 아쉬타르(Ashtar)-그모스께 예물로 바쳤다. 나는 그곳에서 야훼의 ××× 을 취하여 그모스 신 앞에 끌고 왔다.

이스라엘의 왕은 나와 싸우는 동안 야하스(민 21:23; 신 2:32; 수 13:18, 21:26; 삿 11:20 참조) 성읍을 건설하여 그곳에 머물고 있었다. 그러나 그모스께서 그를 내 앞에서 쫓아내 버리셨다. 나는 모압의 용사 200명을 거느리고 올라가 야하스를 쳐서 그곳을 디본 지역에 예속시켰다.

마카롯의 바로 내가 성읍(까르흐흐; Qarhoh)를 건설하였다. 성읍의 외벽과 왕의 도성(都城)의 성벽을 쌓았다. 나는 (왕의 도성의) 성문을 만들고 망대들을 쌓았다. 그리고 그곳에 궁전을 지었다. 성읍 안에는 저수지도 만들었다. 전에는 성읍 안에 물을 (모아 둘) 저수지도 없었고, 저수조도 없었다.

그래서 나는 모든 주민들에게 말하였다.

"각 사람은 자기 집에 저수조를 만들어라."

그러고는 이스라엘 포로들을 시켜 성읍 내에 관개수로를 팠다.

나는 아로엘(Aroer)을 건설하고, 아르논 골짜기에 대로(大路)를 내었다. 파괴된 채로 있었던 벳 바못(Beth-Bamoth)을 재건했다. 또한 디본 사람 50명으로 황폐해진 베제르(Bezer: 성경에는 베셀로 표기)×××를 다시 세웠다. 모든 디본(모압 왕국)은 충성스런 보호령이다. 나는 (모압) 영토에 예속시킨 백여 개가 넘는 성읍들을 다스렸다. 나는 ×××와 메드바(마다바), 벧디블라덴(Beth-diblathen), 벧 바알 므온(Beth-baal-meon) 등을 지었다. 그 땅의 가축을 보호하기 위하여 그곳에 ×××을 보냈다.

하우로넨(Hauronen)으로 말하자면 그곳에는 ×××이(가) 살고 있었다. 그모스께서 내게 이같이 말씀하셨다.

"내려가서 하우로넨과 싸우라."
그래서 나는 내려가 (그 성읍과 싸워 그것을 취하였다). 그모스께서는 나의 재위 중에 그곳에 머물렀다. 내 재위 중에는 그모스께서 ×××.

한편, 성경에는 아래와 같이 기록되어 있다.

모압 왕 메사는 양을 치는 자라 새끼 양 십만의 털과 수양 십만의 털을 이스라엘 왕에게 바치더니 아합이 죽은 후에 모압 왕이 이스라엘 왕을 배반한지라 그때에 여호람 왕이 사마리아에서 나가서 온 이스라엘을 점고하고 또 가서 유다 왕 여호사밧에게 보내어 이르되 모압 왕이 나를 배반하였으니 당신은 나와 함께 가서 모압을 치시겠느뇨 저가 가로되 내가 올라가리이다 나는 당신과 일반이요, 내 백성은 당신의 백성과 일반이요, 내 말들도 당신의 말들과 일반이니이다(왕하 3:4). Jordan

아로엘 아라이르

디반에서 사막 고속도로를 따라 5.5km 이동하다가, 와디 엘무집 마지막 갈림길에서 희미한 비포장도로를 따라 왼쪽으로 5분 정도 들어서면 아라이르(Ara'ir) 마을에 들어선다. 성경에서는 아로엘(Aroer) 성읍으로 기록하고 있다. 이 유적지로 가는 중에 자그마한 갈림길이 나오는데, 괘념치 말고 진행하던 방향으로 계속 나가면 된다.

아라이르에는 청동기, 철기 시대 유적과 나바트 문명의 자취가 남아 있다. 이 마을은 도시로서의 기능보다는 아르논 골짜기를 지키기 위한 요새의 성격이 강했던 게 특징이다. BC 2250~1900년 사이에는 평범한 농경 지역이었으나, 이후 전략적 중요성이 부각되면서 요새화되었다.

아모리 왕 시혼의 국경 지역에 자리했던 이 마을은 모압 왕 메사 **117**

아로엘 성읍은 아르논 골짜기 북부의 주요 요새였다.

당시에는 요새였다. 하지만 얼마 지나지 않아 아람 왕 하사엘에게 점령당했다. 예레미야 당시에 이 땅은 모압의 영토였다.

아라이르 마을의 외곽 성벽은 50×50m로, 자르지 않은 큰 돌들을 쌓아 만들었는데, BC 732년 아시리아의 침입으로 파괴되었다. 이후에 들어선 나바트 문명 역시 AD 106년 로마에 의해 점령당하였고, 이후에 이 돌무더기들은 유목민들의 묘비석 등으로 사용되었다.

이곳에서 나바트인들의 저수지와 모압 왕 메사 당시에 빗물 저장소로 쓰던 저수지가 발굴되었다. 1964~66년 사이에 진행된 발굴 작업(스페인 고고학팀, E. Olavarri)으로 윤곽이 드러났으며, 이로써 중기 청동기 시대 반유목 문명의 흔적이 빛을 보게 되었다. 한참 뒤에 후기 청동기와 초기 철기 시대 주거 흔적이 나타났다. 이스라엘과 모압 왕 메사가 건설한 요새의 흔적도 발견되었다. 이후 헬레니즘 시기까지 방치되었다가 아랍 반유목민들이 사용했다.

BC 1세기에 나바트인들이 이곳을 재개발하면서 폐허가 되어 버린 요새 주변에 네 채의 집을 지었고, 많은 수의 저수지도 축조했다. 이 지역의 문명은 로마 제국에 합병된 이후 2,3세기경에 쇠퇴하기 시작하여 자취를 감추었다.

우리 하나님 여호와께서 그 모든 땅을 우리에게 붙이심으로 아르논

아로엘 성터에서 아르논강 상류가 내려다보인다.

골짜기 가에 있는 아로엘과 골짜기 가운데 있는 성읍으로부터 길르
앗에까지 우리가 모든 높은 성읍을 취하지 못한 것이 하나도 없었으
나(신 2:36).

이스라엘이 헤스본과 그 향촌들과 아로엘과 그 향촌들과 아르논 연
안에 있는 모든 성읍에 거한 지 삼백 년이어늘 그동안에 너희가 어찌
하여 도로 찾지 아니하였느냐 …… 아로엘에서부터 민닛에 이르기
까지 이십 성읍을 치고 또 아벨 그라밈까지 크게 도륙하니 이에 암몬
자손이 이스라엘 자손 앞에 항복하였더라(삿 11:26).

수바의 와헙 레훈

이곳에서는 선사 시대부터 이슬람 왕조에 이르기까지 각 시대를
거치면서 문명의 중심지였음을 보여 주는 유물들이 많이 발굴되고
있다. 비옥한 토질과 풍성한 물, 자연적인 방어 요새 등의 주변 환경
이 문명 형성을 도왔던 것으로 보인다. 선사 시대로부터 초기 청동기
를 거쳐 나바트, 로마, 비잔틴, 이슬람 시대에 이르기까지 각각 큰 문
명을 이루었다. 출애굽 당시에는 아모리 왕국의 대표적인 도시 가운
데 하나였다. 그럼에도 불구하고 성경에서 이 장소를 고유명사로 언
급하지 않는 것이 무척 의아하다.

거기서 진행하여 아모리인의 지경에서 흘러나와 광야에 이른 아르논
건너편에 진 쳤으니 아르논은 모압과 아모리 사이에서 모압의 경계
가 된 것이라 이러므로 여호와의 전쟁기에 일렀으되 수바의 와헙과
아르논 골짜기와 모든 골짜기의 비탈은 아르 고을을 향하여 기울어
지고 모압의 경계에 닿았도다 하였더라(민 21:13-15).

레훈(Lehun)은 암만에서 80km, 디반에서 7km 지점에 있다. 움므
에르라싸스에서 디반으로 가는 길을 따라가다 보면 디반으로부터

7km 정도 떨어진 지점에서 삼거리를 만나게 되는데, 왼쪽으로 레훈 유적지 입구 표지판이 있다. 하지만 거기서부터 약 4km를 더 들어가야 목적지에 도착한다. 그 지역에서는 이 유적지를 깔라아(성)라고도 부른다. 갈림길이 나오면 오른쪽 길을 따라가면 안전하다. 도로 포장 상태가 좋지 않다는 걸 감안하기 바란다.

해발 719~748m 정상에 위치한 레훈은 바로 남쪽 경계가 와디 엘무집으로 이어진다. 오늘날 유적지는 동서로 600m, 남북으로 1,100m 정도다. 유적지를 감싼 골짜기는 와디 엘레훈이다. 레훈 유적지 남쪽 경계로 펼쳐지는 와디 엘무집(아르논 골짜기)도 장관이다. 와디 엘무집 댐 건설로 인해 생긴 큰 호수에는 아르논강 상류의 물이 고여 있다.

메바앗 움므 에르라싸스

아라이르 마을에서 동쪽으로 길을 따라 계속 가면 해발 760m에 위치한 움므 에르라싸스(Umm er Rasas)를 만나게 된다. 마다바에서 남동쪽으로 30km 지점에 있는 움므 에르라싸스 유적지는 규모가 무려 330,000m²(1만 평)을 넘는다.

유세비우스에 의하면, 이곳은 로마군 주둔지로서 '카스트론 메파아'(Kastron Mefaa)라고 불렸다고 한다. 성경에는 '메바앗'(Mephaath)으로 기록되어 있다. 또한 일부 학자들은 르우벤 지파 땅에 있었던 도피성 '베셀'이라고 추정하기도 한다.

1986년 이후 진행된 발굴 작업 결과 이곳에서 나바트 문명과 로마, 비잔틴 시대의 흔적들을 발견할 수 있었다. 이로 인해 성 안팎이 요새화되어 있었던 듯싶다(물론 BC 7세기 이전의 유적도 발굴되었다).

성 안팎에서 최소한 10여 개의 교회터가 발굴되었는데, 성 스데반 교회와 서지우스 주교 교회, 사자 교회 등이 대표적이다.

유적지에서 북쪽으로 2km 지점에 14m 높이의 건축물(망대)이 있는데, 수도사들이 이곳에서 수도 생활을 했던 것으로 보인다. 망대 바로 곁에서 작은 규모의 교회터가 발굴되었는데, 모자이크 보존 상태가 아주 좋은 편이다.

움므 에르라싸스의 수사들이 이용하던 탑.
유적지 명칭 가운데 '움므'라는 단어가 들어간 곳은 이슬람 문명 유적지를 나타낸다.

성 스데반 교회

움므 에르라싸스의 대표 유적은 성 스데반 교회의 모자이크로, 콘센트 건물 안에 별도로 전시하고 있다. 모자이크 중앙에는 이집트 델타(북부 지방)의 10개 도시, 왼쪽에는 팔레스타인 지역 8개 도시, 오른쪽으로는 요르단의 8개 도시가 언급되어 있다. 이들 도시들은 모두 7, 8세기경의 대표적인 교회(기독교 도시) 명단이다. 이 교회는 요르단 비잔틴 제국이 아랍 이슬람 군대에 패하고 아랍 이슬람의 지배를 받던 AD 785년에 지어진 것인데, 아랍 제국 지배하에 있으면서 어떻게 움므 에르라싸스 최대 규모의 교회를 세운 것인지 묘하기만 하다.

그데못 광야 키르벳 앗쌀야

이스라엘 백성과 남쪽 아모리 왕국 시혼 왕의 군대가 격돌한 장소다. 출애굽 여정의 막바지에 이른 이스라엘 백성은 모압 광야길(동편 길, 오늘날의 요르단 사막 고속도로)을 따라 아르논강 상류 근처 광야에 도착하였다. 아모리 왕국 변경(邊境)에 이른 것이다. 그런데 사신을 보내어 화친을 청하였지만 거절당하고, 곧 전쟁이 시작되었다. 이 전투

움므 에르라쓰의 성 스데반 교회 모자이크 바닥.

에서 승리한 이후 이스라엘 백성은 아모리 왕국의 주요 도시를 하나씩 점령하고 마다바 지역과 수도가 있던 히스반으로 이동할 수 있었다. 마다바 중부 평야길(마다바와 움므 에르라싸스가 이어지는 길)과 왕의 대로를 따라 주변 도시들을 공격하였을 것으로 보인다. 그데못 광야 지역은 키르벳 앗쌀야 주변 지역이다.

> 내가 그데못 광야에서 헤스본 왕 시혼에게 사자를 보내어 평화의 말로 이르기를(신 2:26).
>
> 그데못과 그 들과 므바앗과 그 들이니 네 성읍이요(수 21:37).

그데못 광야.

그데못 광야. 아모리 왕국 시혼 왕의 군대와 이스라엘 백성이 격돌했던 곳이다.

갈릴리 호수
시리아
이라크
지중해
요단강
숙곳
암만
예수님
세례터
사해
이스라엘
사우디아라비아
이집트
홍해

요단강 동편 유대인의 땅
베레아 지방

성경 속 베레아 지방을 찾아서

여기서 말하는 베레아 지역은 사도행전 17장 11절("베뢰아[베레아] 사람은 데살로니가에 있는 사람보다 더 신사적이어서 간절한 마음으로 말씀을 받고 이것이 그러한가 하여 날마다 성경을 상고[詳考]")에 나오는 베뢰아와는 다른 곳이다.

'베레아'는 '건너편 땅'이라는 뜻으로, 요단강 동편 요르단에 있는 요르단 골짜기를 따라서 사해 동쪽부터 북쪽 지역에 이르는 유대인 지역을 말한다. 다른 이름으로는 '요르단 골짜기' 또는 '요단 계곡', '요단 들녘'으로 부른다. 북으로는 얍복강(자르까강. 한편 요세푸스는 데가볼리 도시의 하나였던 펠라 근처까지로 언급하고 있다), 남으로는 사해 마캐루스 지역까지 이어지며, 동으로는 암만(구약의 랍바 암몬)과 히스반, 마다바와 경계를 이루었다. 서쪽으로는 요단강이 흐르고 있다.

요르단 골짜기 지역은 성경에서 '요단 들녘'이라는 이름으로 자주 등장한다. 이곳은 요단 강변을 따라 형성된 평야 지대로, 요단강에서 물과 퇴적토가 흘러내려와 쌓여 토양이 비옥하다. 평지길이어서 전쟁을 위해 이동하기에 매우 좋았다.

페르시아(바사) 제국 때는 이 지역을 도비야 가문이 다스렸다. 하스몬 왕조의 마카베는 인근 아랍 나바트인들로부터 이 지역에 거주하던 유대인들을 보호하였다. 요한 히르카누스 1세(John Hyrcanus I)는 나바트 도시들을 점령하면서 베레아 지경을 확장(Josephus, Antiq. xiii 225; Wari, 63)하였다. 후에 헤롯 대왕은 이 지역을 통치하면서 가다라를 수도로 삼았다. 그뒤 헤롯을 이어 그의 아들이자 갈릴리의 통치자 헤롯 안티파스가 이곳을 다스렸는데, 그때 나바트인들에게 동부 지역을 빼앗겼다. 뒤에 이곳은 아그립바 2세의 영지가 되었고, 제1차 유대인 폭동 때 로마에 대항하는 전쟁의 중심지 역할을 담당했다.

헬라의 통치 아래에 있던 얍복강의 남단, 모압 평지를 중심으로 한 일부 제한된 지역을 가리키는 이름이었다가, 헤롯 대왕 통치 이후 예수님 시대에는, 북으로는 펠라의 남부 지역으로부터 남으로는 아르논강에 이르는 마다바와 필라델피아 서쪽에 해당하는 요단 동편 지역을 폭넓게 일컫는 지명이 되었다.

예수님은 이곳에서 많은 사역을 행하셨는데, 어떤 학자들은 이러한 사건이 벌어진 장소로 베레아 지방이 아닌 다른 장소를 지목하기도 한다.

> "예수께서 이 말씀을 마치시고 갈릴리에서 떠나 요단강 건너 유대 지경에 이르시니 큰 무리가 좇거늘 예수께서 거기서 저희 병을 고치시더라"(마 19:1-2).

이 말씀 이후 이어지는 예수님과 제자들, 허다한 이들과의 만남은 마태복음 20장 28절까지 이어진다. 요단강 건너편에는 데가볼리 지경과 베레아 지방이 있었다. 베레아 지방은 유대 지경으로 간주되었고, 데가볼리 지경은 이방 땅으로 받아들였다. 예수께서 유대 지경으로 가셨다는 것은 베레아 지방에 가셨다는 의미로 이해할 수 있다. 다음 사역은 모두 베레아 지방에서 있었던 것들이다.

- 결혼과 이혼에 대해 율법을 풀이하셨다(마 19:3-12; 막 10:2-12).
- 어린아이들을 축복하셨다(마 19:13-15; 막 10:13-16; 눅 18:15-17).
- 부자 청년을 만나셨다(마 19:16-22; 막 10:17-22; 눅 18:18-24).
- 포도원 비유를 말씀하셨다(마 20:1-16).
- 예수님의 죽음과 부활에 대해 말씀하셨다(마 20:17-19; 막 10:32-34; 눅 18:31-34).
- 야고보와 요한의 모친이 예수님께 청탁을 하였다(마 20:20-23; 막 10:35-45).

요르단에서는 결혼
잔치를 풍성하게 치
러, 며칠 밤이 계속
되기도 했다.

언약궤를 멘 제사장들의 발이 요단 강가에 닿자 요단 강물이 멈춰 끊어졌다. 그 끊어진 자리는 제사장들의 눈에서 80km나 떨어진 장소로, 바로 아담 읍(텔 다미예)이었다. 이 장소를 둘러보면 하나님의 일하심이 얼마나 치밀하고 타이밍을 놓치지 않으시는지 새삼 놀라게 된다.

암만에서 북서쪽으로 75km 지점에 삼거리(무쌀라스 엘아리다, Muthallath el Arida)가 있고, 그곳에서 왼쪽으로 가면 다미예 다리가 나온다. 현 지명으로는 '아미르 무함마드' 다리(지쓰르 다미야, 지쓰르 아미르 무함마드)다. 이스라엘 측은 '아담 다리'라고 부르는데, 요르단과 팔레스타인 서안 지구를 가장 손쉽게 연결해 주는 국경 지대로 민간인 통제 구역이다. 이 다리를 지나 요단강 서편으로 넘어가면 여리고는 42km, 나블로스는 38km 지점에 있다.

통제 구역인데도 농경지가 많고, 경작 중인 농부들이 곳곳에서 눈

다미예 다리.

에 띈다. 검문소 바로 왼쪽 언덕에는 군 관측소가 하나 있는데, 이곳이 텔 다미예(Tell Damiyeh)다. 성경에 나오는 '아담 읍'(수 3:16)으로, 요단 여울을 지키던 도시다. 이집트 시삭 왕의 카르낙 신전 벽에 기록된 팔레스타인 정복 도시 목록에는 '아다마'로 등장한다. 이 유적지는 2005년 여름부터 네덜란드 레이든 대학 고고학팀이 발굴을 시작하였다.

텔 다미예로 들어가기 직전에 있는 오른쪽으로 이어지는 길을 따라가면 얍복강과 요단강이 만나는 합류 지점에 이른다. 물론 표지판은 없다. 요단강 동편의 요르단과 서편 지역을 연결하는 다리는 북쪽 벳산(성경 지명 '벧스안')과 펠라 지역을 연결하는 쉐이크 후쎄인 다리(펠라 국경)와 후쎄인 국왕 다리(여리고 국경), 남쪽의 압둘라 국왕 다리(알렌비 다리), 그리고 그 중간에 있는 다미예 다리다.

텔 다미예 주변 지역은 강폭이 1.2km로 요단 강변 중에서 가장 넓다. 또한 최대 범람을 기준으로 한다면 수심이 30m도 훨씬 넘었다. 요단강이 범람할 때 가장 인상적인 장소가 바로 아담 읍 주변이다. 이 주변 지역이 범람을 하면, 얍복강과 요단강이 동시에 범람해 다른 요단 강변과는 사뭇 다른 그림을 만들어 낸다.

곧 위에서부터 흘러 내리던 물이 그쳐서 심히 멀리 사르단에 가까운 **133**

아담 읍은 얍복강과 요단강의 합류 지점이었다.

아담 읍 변방에 일어나 쌓이고 아라바의 바다 염해로 향하여 흘러가는 물은 온전히 끊어지매 백성이 여리고 앞으로 바로 건널새(수 3:16).

아담 읍 사람들의 애가

아담 읍 사람들은 매년 봄마다 두 종류의 난리를 겪었다. 하나는 물난리였고, 다른 하나는 전쟁이었다.

요단강은 매년 봄철 보리 거둘 시기가 되면 물이 넘쳐 인근 지역에 홍수가 나고, 마을이 잠기곤 하였다. 헬몬산에서 눈 녹은 물이 유입되면서 강물이 급격히 증가했기 때문이다. 그렇지만 덕분에 인근 땅은 비옥해졌다. 이스라엘 백성들의 가나안 땅 입성시 요단강 물이 끊겼을 때도 이 아담 읍 주변 지역에서부터 물이 멈춰 버린 것이다. 또 옛날에는 전쟁을 주로 봄에 시작해 겨울 전에 마치곤 했다. 전쟁도 때와 장소를 가려서 한 듯하다. 아담 읍 가까운 요단 나루에는 다미예 다리가 놓여 있는데, 이전에는 나루턱이 있었다. 또한 옛날 주요 도시로 사르단(사본)이 있고, 북쪽으로 숙곳과 브누엘 등이 이어진다. 이 지역은 또 다른 전쟁터로서 이 지역 사람들은 중간에 끼어 전쟁 때는 아담 읍 나루를 이용해 요단강을 건너야 하는 군인들이 끊임없이 오갔고, 정치적인 격변기에는 양다리를 걸치는 곡예를 해야만 했다.

요르단 북부 길르앗 출신의 사사 입다는 암몬 사람들과 더불어 얍복강 남쪽 암만 북동 지역을 중심으로 전쟁을 펼쳤는데, 사사 입다의 위세에 두려움과 시기심을 느낀 에브라임 사람들이 아담 읍 나루를 건너 얍복강 북쪽 사본에 모이자 입다의 군대가 출동하여 이들을 격퇴하였다. 이들 주변 지역은 해발 −200m 안팎의 요단 평지와 낮은 구릉 산지로 이루어진 곳이다. 사사 야일도 위 길르앗 지역 출신이었다.

솔로몬의 열두 개 행정구역 가운데 6, 7, 12번째 구역이 요르단 지역에 있었다. 벤게벨이 6구역인 라못 길르앗 주변 지역을, 잇도의 아들 아히나답이 마하나임을 중심으로 한 7구역을, 아모리 사람의 왕 시혼과 바산 왕 옥의 나라 길르앗(아래 길르앗) 지역은 우리의 아들 게벨이 주관하였다. 이들 구역은 강제로 일 년에 한 달씩 솔로몬 왕실의 재정을 충당해 줘야 했다.

솔로몬은 그의 성전 건축에 소요되는 놋그릇들을 아담 읍 가까운 사르단에서 구워 냈다. 또한 그의 호화로운 궁궐을 짓고 성전을 건축하는 데 들어가는 엄청난 비용을 마련하기 위하여 에돔 등 속국에 엄청난 조공을 강요하였다. 이것이 후에 솔로몬과 르호보암에 대한 반역(?)의 빌미가 되었다. 아담 읍 사람들은 이렇듯 계속되는 수난으로 고통 또한 끊이지 않았다. Jordan

사르단 텔 움므 함마드

요단강이 멈춰 서던 날을 묘사한 성경 기록에 사르단이 등장하는 이유는 무엇일까? 요단강 도하 작전 이전에 그곳에 다녀온 이스라엘 자손들은 몇 명이나 되었을까? 아마도 대부분의 이스라엘 자손들은 아담 읍에도 사르단(언덕)에도 가 보지 못했을 것이다. 그런데도 요단강이 멈춰 선 자리를 언급하면서 이들 지명이 등장하는 것은, 이 지역이 요단강 범람으로 꽤나 유명한 장소였기 때문이다.

그렇다면 과연 사르단은 어떤 곳일까? 사르단 유적지 텔 움므 함마드(고고학계에서 의견 일치를 본 것은 아니지만, 현장 발굴 결과나 성경에 언급된 내용 등을 통해 볼 때 텔 움므 함마드가 유력한 장소로 지목된다) 발굴 결과를 살펴보면, 사르단은 요단강 동서를 연결해 주던 관문 도시였음에 틀림없다. 이곳에서 5500년 이전까지 거슬러 올라가는 도시 문명의 흔적이 발견되었기 때문이다. 잘 닦인 중앙 도로의 흔적이나 정원을 갖춘 가옥 구조 등으로 보아 4천 년 전에는 성벽으로 둘러싸인 잘 계획된 도시였던 것으로 보인다. 또한 발굴되는 토기들을 살펴보면, 종교와 교역의 중심지 텔 데이르 알라(숙곳)와 더불어 메소포타미아 지역과 가나안 지역 사이의 문명의 교차점이었음도 알 수 있다.

사르단이 자리한 지역은 오랫동안 요단강과 얍복강이 범람하면서 형성된 중동에서 손꼽히는 삼각주다. 사르단 지역에서 북서쪽으로 500m 정도 올라가면 요단강이 밑으로 흐르고 그 좌우편에 형성된 저지 평야가 한눈에 들어온다. 이런 지형적인 특성 때문에 '두 강 유역'(나하라임)이라는 이름으로 불렸을 것이다. 그리고 두 강 유역의 가장 대표적인 도시가 바로 사르단이었다. 또한 사르단의 동쪽 기슭을 따라 내려가면 얍복강 하류 지역이 나타난다.

그런데 성경에서 사르단을 도시 이름이 아니라 사르단 언덕으로 묘사하고 있다. 그것은 이 사르단(도시)이 4천 년 전에 쇠퇴하기 시작하여 출애굽 당시에는 거의 유적으로만 존재했기 때문이다. 그래서 요단강을 건너는 상황을 언급하는 성경에서는 사르단 도시가 아닌 '사르단이 자리하였던 언덕' 정도로 묘사하는 것이다.

한편 솔로몬 시대에 토기를 구워 냈던 장소 '사본'과 사르단은 다른 장소로 보는 것이 좋다. 사본 지역도 사르단 주변 지역과 마찬가지로 요단강의 범람으로 인해 비옥한 흙이 쌓여 있었다.

> 왕이 요단 평지에서 숙곳과 사르단 사이의 차진 흙에 그것들을 부어
> 내었더라(왕상 7:46).

사르단 언덕. 요단강이 범람할 때 물에 잠기곤 했다.

고인돌은 한국에만 있다고 생각하던 터라 요르단에서 처음 고인돌을 봤을 때 적잖이 당황했다. 이곳을 찾으려면 다미에 다리로 연결되는 삼거리에서 조금 북쪽으로 가면서 오른쪽으로 이어지는 비포장도로로 50m 정도 들어가면 된다. 차는 더 이상 들어갈 수 없다. 길 위로 수로가 흐르는데, 이 수로는 야르묵강에서 끌어들인 것이다. 이 수로 위쪽 언덕(산)에 오르면 곳곳에 서 있는 고인돌이 한눈에 들어온다. 요르단에서 가장 큰 규모인 200여 개의 고인돌이 몰려 있는데, 아쉽게도 20여 개 정도를 제외하면 무너져 버린 상태다. 일부 고인돌은 BC 3000년경 초기 청동기 시대 것이다.

요르단의 고인돌. 거인족 문명의 흔적으로 보인다.

요르단의 고인돌

요르단의 고인돌 지역은 주로 강을 낀 낮은 구릉 지대에 골짜기 선을 따라 분포하고 있다. 다미예의 '돌멘'(Dolmen) 사이트에만도 무려 300기 정도나 되는 고인돌이 있다. 제단 고인돌인지 무덤 고인돌인지 분명하게 선을 그을 수 없지만, 고인돌 또한 물과 깊은 관련이 있어 보인다.

탁자식 고인돌(북방식·전형典型)은 네 개의 판판한 돌을 세워 지표 위에 네모꼴의 무덤방을 만들고 그 위에 20톤도 넘는 덮개돌을 올려놓은 구조가 일반적이다. 오늘날 요르단 지역에 남아 있는 모습을 보면, 덮개돌의 하중을 받고 있는 긴 벽은 그대로 있지만, 고인돌을 만든 다음 나들이문 역할을 한 것으로 짐작되는 짧은 벽은 거의 파괴되어 없어진 상태다. 신석기 시대 후반부터 조금씩 만들어지다가 출애굽 전후한 시기인 청동기 시대에 널리 퍼졌고, 이른 철기 시대를 거쳐 2천여 년 전까지 이어진 것으로 추정한다. 요르단의 고인돌 문명은 시리아나 골란 고원과는 비교되지 않을 만큼 많은 2만여 기의 고인돌이 있는 점과 축조 연대가 이르다는 점, 축조 방식이나 기술이 훨씬 세련되었다는 점에서 주변 지역과 관계없이 자체적으로 만들어졌을 것으로 보인다.

커다란 덮개돌을 옮겨 고인돌을 만드는 데는 훌륭한 기술과 많은 사람의 힘이 필요했을 것이다. 텔 다미예 주변 고인돌 집중 지역은 청동기 문명 시기에 종교적으로 가장 융성했던 데이르 알라(숙곳)나 중개무역과 다문화 도시 국가의 틀을 보여 주는 사르단 등과도 거의 교류가 없었던 것으로 보아 독자적이고 독창적인 문명을 누렸을 것으로 보인다. 일부 학자들은 이런 정황을 바탕으로 요르단의 자생적·토착적 특정 종족의 문명으로 추정하기도 한다. 시리아나 골란 고원의 가믈라 근처에서 일부 발견되는 고인돌 문화도 사실 요르단의 이 특정 종족이 해당 지역에서 자체적으로 만든 게 아닌가 싶다.

특정 종족이라고 하면, 암몬 왕국의 영토에 살다 암몬 족속들에 의해 밀려난 거인족(르바임)의 하나인 삼숨밈이나 모압 지역에 살던 에밈으로 보이는데, 그중에서도 삼숨밈이 가까울 듯싶다. 왜냐하면 고인돌 문화가 다른 지역이 아니라 암몬 왕국의 영역 안팎에서 주로 보이기 때문이다. 게다가 모압 지역에서는 거대한 입석(立石)만 발견될 뿐 고인돌과는 모양이 사뭇 다르다.

다미예 고인돌과
와디 카프레인 근처의 고인돌.

암만에서 북서쪽으로 86km, 사해 북쪽으로 50km, 남 슈나(Shu-neh)에서 35km 떨어진 지점에 텔 데이르 알라(Tell Deir Alla)가 있다.

데이르 알라 마을이 끝나는 지점에서 요르단 골짜기 도로를 따라 북쪽으로 2km 정도 가면, 세 번째 검문소가 나온다. 검문소 오른쪽으로 작은 운하를 통해 물이 흐르는데, 이것은 자르까강(얍복강)의 지류이다. 요단강은 5km 정도 떨어져 있다.

이곳을 지나자마자 왼쪽으로 주유소가 보이고 그 뒤에 흙 언덕이 있다. 주유소 못 미쳐서 왼쪽 골목으로 꺾어 20～30m 정도 마을로 들어가면 오른쪽에 철조망으로 둘러싸인 텔(언덕)이 보인다. 해발고도 −202m 정도 되는 이 언덕은 성경의 '숙곳'(Succoth)으로 알려진 곳이다. 텔 데이르 알라는 아랍어로 '높은 수도원 언덕'이라는 뜻이며, 텔 엘키사스(오두막집의 언덕)라 불리기도 한다. 삼각주 지역이어서 토지가 비옥하다.

이 유적지는 1960년대에 프랑켄을 비롯한 레이든 대학 팀에 의해서 발굴되었다. 탐사 결과 청동기 시대의 흔적이 남아 있으며, BC 1600～1200년 사이에 지어진 듯한 거대한 규모의 신전이 발굴되기도 하였다. 이집트의 숙곳과는 다른 곳이다.

텔 데이르 알라 지역은 BC 1600～1200년경까지 400여 년 동안 이 지역 최고의 종교 중심지였다. 종교 중심지에서 가장 잘나가던 발람이 발락 왕의 부름을 받았다는 것은 매우 자연스러운 일이다. 그러나 1200년대 후반으로 오면서 이방신 숭배로 자자하던 텔 데이르 알라의 명성은 점점 사라져 간다. 이후 금속을 잘 다루는 반유목민 집단인 이스라엘 자손들(르우벤, 므낫세, 갓 지파)이 이 지역을 장악한다.

발람은 정복 과정에서 이스라엘 자손에게 죽임을 당했다. 아울러 텔 데이르 알라에 근거를 두고 있던 다양한 이방신 제사장들이 죽임을 당했으니, 텔 데이르 알라는 이방신 숭배 중심지로서의 기능을 완전히 잃고 만 것이다.

그러다가 3천 년 전(또 다른 의견은 2천8백 년 전) 이곳에 다시 종교 기능이 살아나기 시작했다. 이 시기는 이스라엘 왕국이 분열하던 때로 바알 숭배나 이방신 숭배가 곳곳에서 되살아나고 성행했다. 발람 문서는 신전터에서 발견되었다.

오늘날의 데이르 알라 유적지(텔 데이르 알라)는 구약 시대에 '우릿간'이라는 뜻의 숙곳으로 불렸는데, 사연이 참 인상적이다. 이곳은 메소포타미아 지역과의 문화적 교류가 활발했다. 또한 이 주변 지역을 오가던 유목민들에게 겨울나기에 가장 좋은 쉼터였다. 그래서 소나 말, 양 등이 쉬는 곳이라고 해서 우릿간이라는 이름이 붙여진 것이다. 이렇게 보건대 우릿간이라는 의미의 숙곳은 어쩌면 정식 명칭이 아니고, 최소한 또 다른 공식 명칭이 있지 않았을까 싶다. 게다가 고대 중근동의 경우 유래와 사연이 많은 곳일수록 한 장소에 이름이 여러 개인 곳이 많지 않은가.

숙곳(데이르 알라). BC 1600~1200년경 종교의 최고 중심지였다. 발람이 이곳에서 태어났다.

텔 데이르 알라 박물관

텔 주변 지역에서 발굴된 유물이 전시돼 있다. 텔로 들어가는 입구 (그 입구쪽에 양과 염소의 우리가 만들어져 있다)에서부터 다시 마을 안쪽으로 약 20m 정도 들어가면 골목이 끝나는 오른쪽에 박물관 입구가 나온다. 현재 전시실은 하나만 개방하고 있다.

전시실 안은 3~4평 정도 되는 작은 공간으로, 이곳에서 진행된 발굴 현장 사진들과 발굴 유적들이 오밀조밀하게 모여 있다. 특히 발람 선지자에 관련한 유적은 확대 사진과 함께 영문으로 번역 소개되어 있다.

전시실이 있는 박물관 건물에는 발굴자들을 위한 숙소도 마련해 놓았다. 사전에 야르묵 대학에서 허락을 받으면 이곳에 머물면서 발굴 작업에 참여할 수 있다.

텔 데이르 알라에서 나온 3천 년 전의 기록으로 발람 문서라고 불린다.

발람 문서(The Balaam Text)

1967년에 발굴된 문서에 등장하는 예언자 발람. 문서 기록을 토대로 볼 때, 성경에 등장하는 발람과 일치한다. 학자들은 이 문서가 BC 8세기경의 문서라고 추정한다. 문서 처음 4줄의 문장에서 그를 '브올의 아들 발람'이라고 세 번씩이나 거듭 소개하고 있다. 성경과 동일한 표현이다. 이 문서는 결과적으로 성경에 등장하는 예언자의 실존을 그의 무덤이나 유골을 통해서가 아닌 그에 관해 언급하는 성경의 땅에서 발굴해 낸 최초 자료다. 또한 성경 이외의 고대 서(西) 셈계 지역에서 발견된 가장 최초의 예언을 담고 있고, 이스라엘 민족에게 파멸을 선언한 선지자의 처음 예를 보여 준다.

발람은 이스라엘 족속이 아니었다. 그는 모압 왕 발락에 의해 이스라엘을 저주하도록 고용된 인물이었다. 이스라엘 백성들은 가나안 땅 입성을 앞두고 요단강 동편에 진치고 있었다. 그때 모세가 미디안 족속을 공격하도록 보낸 이스라엘 병사들에게 발람은 죽임을 당한다.

아람어로 기록되어 있으며 '브올의 아들 발람서의 경고. 그는 신들의 예언자였다'라는 표제를 강조하기 위해 본문의 다른 중요 부분처럼 붉은 잉크로 쓰고 있다. 문서에 발람서가 언급되는데, 이를 통해 이곳에서 발견된 문서 이전에 발람서가 존재했음을 알 수 있다. 이 문서와 성경 민수기에 등장하는 발람 관련 본문은 여러 가지 유사점을 보여 준다. 민수기 22~24장의 사건도 발람 문서가 발굴된 주변 지역에서 사건이 발생했음을 묘사하고 있다. '아람'이라는 지명을 하나밖에 없는 고유 지명으로 오해한 학자들은 발람이 유프라테스강 유역의 시리아 북부 출신이라고 판단하기도 한다. 그러나 이는 성경과 일치하지 않는다. 발람은 당시 종교 중심지 데이르 알라(숙곳)에서 가장 잘나가던 대표적인 종교인이었을 것이다.

그가 숙곳 사람들에게 이르되 나의 종자가 피곤하여 하니 청컨대 그들에게 떡덩이를 주라 나는 미디안 두 왕 세바와 살문나를 따르노라 숙곳 방백들이 가로되 세바와 살문나의 손이 지금 어찌 네 손에 있관대 우리가 네 군대에게 떡을 주겠느냐…… 거기서 브누엘에 올라가서 그들에게도 그같이 구한즉 브누엘 사람들의 대답도 숙곳 사람들의 대답과 같은지라 …… 숙곳 사람 중 한 소년을 잡아 신문하매 숙곳 방백과 장로 칠십칠 인을 그를 위하여 기록한지라…… 기드온이 숙곳 사람들에게 이르러 가로되 너희가 전에 나를 기롱하여 이르기를 세바와 살문나의 손이 지금 어찌 네 손에 있관대 우리가 네 피곤한 사람에게 떡을 주겠느냐 한 그 세바와 살문나를 보라 하고…… 그 성읍 장로들을 잡고 들가시와 찔레로 숙곳 사람들을 징벌하고(삿 8:5-16). Jordan

브올의 아들 발람이 언급된 발람 문서.

모압 평지는 평지가 아니라 '산기슭'이라고 해야 더 옳은 표현이다. 암만에서 사해 방면으로 53km 정도 떨어져 있는 이곳은, 성경에 종종 언급되는 모압 평지의 중앙부이다.

이 지역의 중요한 성읍들은 언덕에서 물이 흘러나오는, 방어하기 좋은 곳에 위치하고 있었다. BC 6세기경 언덕 저지에서 평원으로 성읍들이 옮겨졌다. 그리스 로마 시대에 이 성읍들이 성장하면서 예전 이름들이 점차 변화되었다.

그러나 출애굽 당시에 언급하는 모압 평지는 평지가 아니었다. 성경을 보면 모세가 모압 평지에서 언약을 갱신한 이후에도 이스라엘 백성은 싯딤 골짜기에 그대로 머물렀다. 또한 나중에 모세의 후계자가 된 여호수아가 싯딤 진지에서 요단강 건너 여리고로 두 명의 정탐꾼을 보냈다는 기록도 있다.

싯딤 골짜기는 오늘날 느보산 모세 기념교회에서 예수님의 세례터나 사해로 가기 위하여 내려오는 산비탈의 평야(오늘날 요르단 군이 경계 근무를 서고 있는 곳 안쪽의 고원 준평야 지대)에서부터 산자락이 끝나는 기슭을 따라 이어져 있다.

모세와 여호수아 당시에 이스라엘 백성이 진을 쳤던 장소 또한 모압 평지로 언급되어 있다. 구체적으로는 "남쪽 벧여시못에서부터 북쪽 아벨싯딤까지"였다. 이 장소들은 오늘날의 모압 평지 그 자체이기보다 모압 평지와 산지가 마주하고 있는 산기슭에서부터 오른쪽 산악 지역을 말한다.

그렇다면 바알 브올에게 속해 있던 장소는 오늘날의 어디일까? 이스라엘 백성이 이미 모압 평지를 비롯한 아모리 영토를 다 점령했음에도 불구하고, 어떻게 수만 명이나 되는 모압과 미디안의 이방 여인들이 아무런 제재도 받지 않고 바알 브올, 즉 바알의 신전에 연중 제례를 올리러 몰려들 수 있었을까?

출애굽 당시 국경 개념은 지금과 달랐다. 국경선이 없었기에 국경 수비대가 국경선 지역에 배치되거나 하는 일도 없었다. 누구에게도 속하지 않은 완충 지대가 많았던 것이다. 그 완충 지대를 통과하여 누구든 이동이 가능했다. 물론 성경에서는 이 사건을 발람의 모략에 의해 계획된 것으로 언급하고 있다.

오늘날 모압 평지에는 발까 지방의 중심 도시 남슈네(슈나 엣제누비예)가 자리하고 있다. 후쎄인 다리를 중심으로 이스라엘, 팔레스타인 지역과 요르단을 오가는 많은 인파들이 이곳을 거쳐 간다. 요르단 암만보다 기온이 평균 10도 안팎 정도 높고 다습하며, 평균고도는 해발 −200m이다. 아직도 주변 지역에서 전통적인 유목 생활을 하는 유목민과 집시들이 양과 염소를 치는 모습을 볼 수 있다. 3000년도 훨씬 넘은 출애굽 당시 수많은 이스라엘 백성이 요단강을 건너기 전 마지막으로 진을 쳤던 장소인 만큼, 그들의 모습을 지켜보며 당시 생활상을 상상해 보는 것도 좋을 것이다. 모세가 숨을 거둔 느보산은 이곳에서 걸어서 4시간 정도 거리에 있다.

이곳은 사해나 아카바로 향할 때, 후쎄인 다리를 통해 팔레스타인

과 이스라엘 지역을 오가면서 지나가야 하는 곳이다. 모압 평지의 주요 유적지 가운데 예수님의 세례와 관계된 알마그타스 유적지(요단강 건너편 베다니 지역)와 사해가 명소로 꼽힌다.

아벨싯딤 키르벳 카프레인

텔엘 함맘 지역에 있는 키르벳 카프레인은 성경 속의 아벨싯딤으로 추정된다. 언덕 정상에 고대 건축물 잔재가 뒤엉켜 있을 뿐, 별다른 유적은 남아 있지 않다. 키르벳이라는 이름에 '별다른 유적이 없는 폐허화된 유적지'라는 의미가 담겨 있다. 오히려 키르벳 카프레인 주변에 있는 수십 개의 자연 동굴 구조물들이 인상적인데, 고대에 사용되었던 것으로 보인다.

> 요단 가 모압 평지의 진이 벧여시못에서부터 아벨싯딤에 미쳤었더라 (민 33:49).

TIP 발람에 관해 성경은 브올의 아들 발람, 강변 브돌 사람이라고 설명한다. 이 본문을 토대로 발람을 모압 평지에서 640km 이상 떨어진, 메소포타미아의 한 지역인 피투르(Pitru) 출신으로 오해하기도 하는데, 발람은 얍복강과 요단강이 합류하는 숙곳 출신이다. 발람은 발락 왕에게 다른 계책을 알려 주고 자기 곳으로(민 24:25) 돌아갔고, 자기 곳으로 돌아갔다는 발람이 이스라엘 백성들의 가나안 땅 점령 과정에서 죽임(수 13:22)을 당했다. 그가 죽은 장소는 르우벤 지파와 갓 지파의 경계였기 때문이다.

147

아벨싯딤.

벧 하란 텔 이크타누

텔 이크타누(Tell Iktanu)는 사해에서 북동쪽으로 10km 지점에 있는 높이 35m, 해발고도 −128m 정도 되는 작은 언덕이다. 와디 에르라메(와디 히스반)의 남쪽 언덕으로 암만에서 사해로 가는 도중에 고인돌 지대를 지나면서 오른쪽으로 보인다. 도로변에 있어서 쉽게 찾을 수 있다.

20세기 대표 고고학자 가운데 한 사람인 올브라이트(W. F. Albright) 등은 이곳을 갓 지파의 요새였던 벧 하란(또는 벧 하람)으로 추정한다. 초기 청동기 시대 이후 중세 아랍 시대에 이르는 유적들이 발굴된다. 텔에서 바라보이는 주변 지역은 모두 비옥한 농경지로, 연중 강우량은 200m 정도 된다.

차를 타고 사해 방향으로 이동하다 보면 아름다운 자연과 낭만, 섬과 함께 역사 산책의 현장들이 아름답게 펼쳐져 있다.

〔갓 자손은〕 벧니므라와 벧하란들의 견고한 성읍을 건축하였고 또 양을 위하여 우리를 지었으며(민 32:36).

벧 하란.

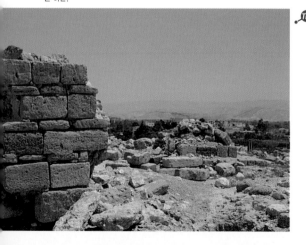

TIP 벧 하란으로 추정되는 다른 장소가 있다. 해발고도 −205m에 위치한 텔 에르라메(Tell er Rameh)로, 비잔틴 시대에는 리비아스(Livias)로 불렸고, 주교좌가 설치되어 인근 지역을 통할했다. 성경에는 벧 하란(Beth-haran)으로 기록돼 있다. 아직 이렇다 할 발굴 작업이 이루어지지 않고 있다. 텔 언덕 위에 비잔틴 시대 건축물 일부가 남아 있고, 대부분의 토지는 무덤으로 사용하고 있다.

툴레이라트 가쑬

　암만에서 카프레인 마을을 지나 수웨이메나 사해, 알마그타스(예수님 세례터)로 가는 길을 따라가면 사거리가 나온다. 거기서 우회전하면 알마그타스로 이어진다. 이 교차 지점에서 200m 앞 왼쪽 길(준포장 상태)을 바라보면 멀리 나무가 잘 가꾸어진 조그마한 농장이 하나 보인다. 그 도로에서 2km 들어가면 낮은 언덕 지대가 나온다. 이곳이 툴레이라트 가쑬이다. '비누 식물의 작은 언덕들'이라는 뜻으로, 이 지역에서 자연비누를 생산했던 것으로 보인다.

　다른 유적지도 그렇지만 이곳 또한 찾기가 쉽지 않다. 암만에서 사해로 가면서 사거리를 400m 정도 앞두고(정면에는 압둘라 국왕 다리가 있고, 오른쪽 길은 알마그타스로, 왼쪽 길은 사해 방향으로 가는 길이다) 왼쪽에 있는 비포장(낡은 포장도로) 도로로 들어간다. 거기서 왼쪽으로 가서 가장 먼저 눈에 띄는 농장을 찾고, 그 농장 오른쪽에 있는 언덕으로 가면, 발굴 중인 툴레이라트 가쑬이 모습을 드러낸다. 사해에서 북동쪽으로 3km 지점이다.

　이곳은 1929~38년 사이에 예루살렘 교황 성서연구소(Pontifical Biblical Institute)의 예수회 신부 말론과 코펠이 처음으로 발굴을 시작했다. 이후 1960년대에는 노스(R. North)가, 1967~69년에는 예루살

툴레이라트 가쑬.

렘 영국 고고학회의 J. B. 헨네시(Hennessey)가 발굴 작업을 진행했다. 발굴 작업은 1974년까지 계속 이어졌다. 발굴 결과 고대에 네 개 성읍이 있었던 것으로 보인다. 그 가운데 하나는 석기 시대에서 BC 4000년에 이르는 시기에 있었던 문명의 흔적이다. 발굴된 유물을 통해 이곳과 고대 여리고 문명 사이에 상호 교류가 있었음을 알 수 있다.

툴레이라트 가쑬 뒤편에 로마 시대에 만들어진 함마마트 마인이나 마캐루스(무캐위르)를 연결하던 도로가 발굴되어 있다. 세례 요한은 이 도로를 통해 오늘날의 알마그타스 지역(성경의 요단강 건너편 베다니)에서 헤롯이 보낸 군사들에게 통치자 모독 혐의나 이른바 유언비어 유포 및 민심 교란 혐의를 받고 마캐루스로 압송되었을 것이다.

벧여시못 키르벳 슈웨이메

해발 −359m 지점으로, 고대 도시 흔적이 남아 있다. 오른쪽 길로 1km 정도 가면 '아인 슈웨이메'라는 샘이 있다. 아인 슈웨이메에서 남쪽으로 2km만 가면 사해가 나온다. 성경의 벧여시못은 후기 역사에서 베제못(Bezemoth), 벳시못(Bethsimuth), 이시못(Isimuth)등으로 언급되고 있다.

또 동방 아라바 긴네롯 바다까지며 또 동방 아라바의 바다 곧 염해의 벧여시못으로 통한 길까지와 남편으로 비스가 산록까지며(수 12:3). 그러므로 내가 모압의 한편 곧 그 나라 변경에 있는 영화로운 성읍들 벧여시못과 바알므온과 기랴다임을 열고(겔 25:9).

위_ 암만 시내의 현대판 '집시'.
아래_ 천막 대신 건물이 자리했지만 유목 생활은 계속된다.

여기가 바로 성경에 등장하는 '요단강 건너편 베다니'(요 1:28)다. 이 베다니는 예루살렘 근교에 있는 베다니가 아니며, 본래 이름은 베다바라(Bethabara, 건넘의 집)다. 여리고 맞은편에 있으며, 여호수아와 이스라엘이 가나안에 들어설 때 건넜던 장소로서, 세례 요한과 그 공동체가 함께 거주했던 곳이기도 하다. 또한 예수께서 세례를 받으셨고, 이후 유대에서의 박해를 피하여 자주 몸을 피하시기도 했다. 이곳이 세례 요한의 공동체 거주지로, 그리고 예수께서 요한의 세례를 받으신 장소로서 주목을 받기 시작한 것은 최근에 이루어진 발굴 작업을 통해서다. 예수님의 세례를 소개하는 성경 본문마다 모두 예수께서 갈릴리로부터 요단강에 이르렀다고 적고 있는 것도 이 사실을 뒷받침해 준다.

당시 갈릴리 사람들은 물론 유대 사람들도 사마리아 지역을 지나는 것을 극도로 꺼렸다. 그래서 갈릴리 사람들은 대부분 갈릴리 호수 건너편 유대 지경을 경유하여 여리고 맞은편 나루를 지나 예루살렘 방면으로 오가곤 했다. 예수님 또한 갈릴리 사람들처럼 요단강 동편 세례터 지역에 도착하셨다. 베레아 지역을 성경에서 유대 지경으로 부른 이유는 예수님 당시에 이 지역에 살던 많은 주민들이 유대인이었기 때문이다. 베레아 지역이라고 불리기 시작한 것은 BC 200년경 마카비를 통해서다.

요단강 건너편에도 이스라엘이 주장하는 예수님 세례터가 있다. 까스르 엘예후드(Qasr el Yehud)인데, 세례 요한을 기념하기 위해 유대인들이 세운 요새 지역을 예수께서 세례 받은 장소라 주장한다. 그래서 이스라엘과 요르단, 팔레스타인 사이에 예수님 세례터 진위를

요단강 하류.

TIP 요단강은 몇 번이나 갈라졌을까?

요단강은 이스라엘 백성이 가나안 땅에 들어갈 때 갈라졌다. 그러나 그 외에도 요단강은 몇 차례 더 갈라졌다. 그 가운데 하나가 엘리야가 승천 직전에 요단강을 가르고 요단 동편(왕하 2:7-8)으로 이동한 이야기다. 또 하나의 사건이 더 있다. 엘리사도 엘리야가 했던 것처럼 요단강을 가르고 여리고 쪽으로 이동했다(왕하 2:13-14). 그런데 세 사건은 조금씩 다르다. 엘리야와 엘리사가 요단강을 갈랐을 때는 요단강이 마른 땅이 되지는 않았다. 그러나 이스라엘 백성이 요단강을 건널 때는 요단강이 마른 땅이 되었다. 인간의 초인적 능력과 하나님의 직접 일하심에는 이런 차이가 있는 것이다.

둘러싸고 한창 신경전을 벌이기도 했다. 그 결과 2000년 3월 교황 요한 바오로 2세가 중동을 순방할 때 양쪽을 다 방문하기도 했다. 바티칸 당국은 요르단의 와디 엘까르라르를 공식적으로 지지하고 있다. 이스라엘 측의 예수님 세례터는 매년 10월 셋째주 목요일 방문이 허락된다. 물론 예루살렘의 가톨릭교회에 3개월 전쯤에 사전 신청을 해야 한다.

와디 엘까르라르 유적지에서는 당시 이 공동체 지역에 물을 공급하던 수로와 3개 이상의 저수지, 400평 규모의 세례탕이 함께 발굴되었다. 대개가 3~4세기 비잔틴 시대 것으로 보이지만, 시설물의 일부 도기나 장식들은 BC 1세기 것도 있다.

사람들은 요한의 세례 운동이 요단강 안에서 이루어졌다고들 생각한다. 하지만 아직까지 요한의 세례 운동의 기원을 추적하는 학문적인 연구 작업은 마무리되지 않은 상태다. 무엇보다 세례 운동의 기원을 추적하면서 쿰란 공동체에서 이루어졌던 세례 운동(세례탕에서의 세례)과의 관계를 결론짓는 것조차도 마무리되지 않은 상황이다. 이번 요르단 와디 엘까르라르 유적지 발굴 결과와 쿰란의 정황들을 고려한다면 세례 운동이 반드시 요단 강물 안에서 이루어졌다고 강변하기에는 무리가 있다고 본다. 그렇다면 성경에서 언급하는 요단강이라는 의미를 넓게 풀어 볼 수는 없을까? 이 유적지를 포함한 요단 강변 평지들은 봄철에 범람하곤 하였기에 최소한 요르단의 요단 강변을 중심으로 세례 운동이 이루어졌다는 것은 주장해 볼 만하다.

그러면 예수께서는 왜 이곳에서 세례를 받으셨을까? 갈릴리 호수 가까운 애논에서도 세례 요한이 세례를 베풀었을 텐데 왜 멀리 떨어져 있는 사해 가까운 이곳에서 세례를 받으신 것일까?

생각해 보면, 지상에서 가장 낮은 자리는 사해고, 사해로 흘러가는 요단강은 지상에서 가장 낮은 강이자, 가장 낮은 지점인 셈이다. 사해와 가까운 쪽의 요단강 수심은 그야말로 '바닥'이다. 그 자리에서 요단강 물에 몸을 낮추시는 것은 인간으로 오신 예수께서 종의 형체를 가지시고 자기를 낮추시고 죽기까지 복종하시는 것을 시각적으로 보여 주기에 넉넉한 장소였다.

예수께서 세례 받으신 시기는 AD 28년 1월에서 2월 사이가 아닐까 싶다. 일부 구교 전통에서는 1월 6일이라고도 한다. 그리고 세례 요한은 그해 11월경에 순교당한 것으로 짐작된다.

> 기드온이 사자를 보내어 에브라임 온 산지로 두루 행하게 하여 이르기를 내려와서 미디안 사람을 치고 그들을 앞질러 벧 바라와 요단에 이르기까지 나루턱을 취하라 하매 이에 에브라임 사람들이 다 모여서 벧 바라와 요단에 이르기까지 그 나루턱을 취하고(삿 7:24).
>
> 이 일은 요한의 세례 주던 곳 요단강 건너편 베다니에서 된 일이니라(요 1:28).

엘리야 승천 언덕

엘리야 승천 언덕 유적지는 알마그타스 유적지가 시작되는 지점에 있다. 예수님 세례터를 방문하는 일정이 빠듯해 대부분 요단 강변으로 직행하곤 하는데, 엘리야 승천 언덕 주변도 둘러 볼 만하다.

와디 엘까르라르 샘 맞은편에 자그마한 언덕(마다바 모자이크 지도에는 사프사파스[Safsafas]로 기록되어 있다)이 있으며, 1세기경의 동굴 기도소와 우물, 4세기경의 세례탕, 수도원과 교회터 등이 발굴 복원되어 있다. 지역의 전승에 따르면 이곳에서 엘리야가 하늘로 올라갔다고 전해진다.

그렇다면, 엘리야는 왜 이곳에서 승천했을까?

하나님은 '우연'이 아닌 분명한 목적과 '선택'을 통해 일하신다. 열왕기하 2장 1절을 보면, 처음부터 하나님께서는 엘리야를 회리바람으로 승천시키려 하셨다. 이후 엘리야는 길갈, 벧엘, 여리고, 그리고 요단강을 건너 이곳까지 이동했다.

이스라엘 백성이 약속의 성취를 기대하며 건넜던 그 자리에서 엘리야는 약속의 성취를 바라보며 승천하였다. 엘리야 이후 8백 년도 훨씬 지난 시점에 이 자리에서 하나님의 나라를 준비하는 세례 요한의 광야의 외침이 있었던 것은 우연이 아니다. 모세와 엘리야 그리고 세례 요한에 이어 예수께서 이곳에서 세례를 받으시고 율법과 선지서의 완성자로서 공생애를 시작하신 것이다.

> 두 사람이 행하며 말하더니 홀연히 불수레와 불말들이 두 사람을 격하고 엘리야가 회리바람을 타고 승천하더라(왕하 2:11).

기도 동굴

세례터 유적지 안에서 수도사들이 수도 생활을 하던 동굴이 발굴되었는데, 요단강 동서쪽 광야에 있는 고대 수도원 동굴들과 형식이 비슷하다. 요단강에서 1km도 채 떨어져 있지 않은 이곳 동굴에서 수도사들이 명상과 기도를 즐기면서 생활했다는 기록이 나오기도 했다. 동굴은 요단강이 상습 범람하던 것을 감안하여 범람 수면 위쪽에 자리를 잡고 있다.

기도 동굴.

세례 요한 기념교회

세례터 유적지에서 발굴 복원된 유적 가운데 최고다. 와디 엘까르라르에서 흘러나온 물이 요단강 본류에 합류되기 직전 위치에 자리하고 있다. 계단을 밟고 물로 내려가 세례를 베풀었음을 미루어 짐작할 수 있다.

발굴 복원된 교회터는 비잔틴 제국의 아나스타시우스 황제(AD 491~518) 시기에 지어진 것으로, 예배당 시설을 갖춘 대규모 수도원이었다. 지역 전승이나 교회 관련 기록에 보면, 세례 요한의 세례 운동을 기념하여 그가 세례 운동을 베푼 자리에 교회를 세웠다고 전해진다. 지진으로 파괴된 것을 복원해 놓았으며, 모자이크로 장식된 예배당 바닥이 매우 인상적이다.

세례 요한 당시 세례는 요단강 한복판에서만 이뤄진 것은 아니다. 물이 풍성하고 맑은 요르단 지류에서도 세례를 행한 것으로 보인다. 그것은 해마다 봄철이면 요단강이 범람한 것을 통해서도 추정할 수 있는 내용이다. 범람하여 넘쳐나는 요단강 한복판에서 세례를 주고받는다는 것 자체가 자연스럽지 않기 때문이다. 예수님이 세례를 받으신 시기가 1~2월 사이라면 요단강이 범람하기 전이고 요단강 지류(와디 엘까르라르)의 수량도 풍성했을 것이다. 이런 상황을 종합하여 **157**

세례 요한 기념교회.

보건대 세례 요한 기념교회터를 두고 세례 운동 현장으로 지목하는
것은 당연하지 않나 싶다.

요단강 관련 정보

물을 확보하기 위한 장치들

오늘날과 마찬가지로 요단강 건너편 베다니 공동체에도 물은 생명
줄과 마찬가지였다. 우물과 저수지, 저수조는 여러 모양으로 물을 확
보하는 수단이었다. 세례터 유적지 곳곳에 엘리야 승천 언덕에서 발
견된 저수지나 우물의 흔적이 있다. 엘리야 승천 언덕과 세례 요한
기념교회 사이에 규모가 가장 큰 저수지가 있다. 세례터 버스 정류장
에서 세례터 유적지로 가다 보면 오른쪽 작은 기슭에 저수지가 복원
되어 있다. 이 저수지는 비잔틴 시대 것으로 5~6세기경에 만들어졌
다. 안쪽은 사암, 바깥쪽은 석회암을 이용하여 오물이 유입되는 것을
막았다. 이 저수지로 물을 끌어들이기 위해 낙차를 이용해 만들어 놓
은 수로 시설이 가까이 있다.

저수지. 뒤로는 요단의 자랑으로 여겨지던 요단 수풀이 이어진다.

요단의 자랑

요단 강변 지역은 퇴적토가 쌓인 저지 평야(Zor, 조르)로 형성되어 있고, 요단 들녘 남북으로는 고지 평야(Ghor, 고르)가 이어지고 있다. 저지 평야 지역은 수풀이 무성하여, 영어 성경에서는 '요단 수풀'을 '요단 정글'(The Jungle of the Jordan)로도 묘사한다. 요단 수풀 지역에는 지금도 야생 동물이 서식한다. 성경 시대에는 들사자나 곰이 살 정도로 울창했다. 비무장지대에 자리하고 있으면서 생태계 보호 지역으로 지정되어 멸종 위기에 있는 적지 않은 동식물들의 피난처가 되고 있다.

> 보라 사자가 요단의 수풀에서 올라 오는 것같이 그가 와서 견고한 처소를 칠 것이라 내가 즉시 그들을 거기서 쫓아내고 택한 자를 내가 그 위에 세우리니 나와 같은 자 누구며 나로 더불어 다툴 자 누구며 내 앞에 설 목자가 누구뇨(렘 49:19).

회개의 세례 운동 본거지

세례 요한 당시의 은둔 생활이나 새로운 공동체 운동은 요단강 동서편에서 일어났다. 요단강 동편인 모압 광야에서는 세례 요한이 낙타 털옷을 입고, 석청과 쥐엄나무 열매(메뚜기)를 먹으면서 지냈다.

159

쥐엄나무 열매.
이것은 세례 요한이 먹은 메뚜기이다.

🔲 쥐엄 열매는 돼지가 먹는 열매라고 해서 천하고 가치 없는 것으로 치부한다. 그러나 돼지를 적당히 살찌우는 데 매우 유용한 음식이었다(눅 15:16 참조). 또한 쥐엄 열매는 세례 요한이 먹었다는 메뚜기와도 연결되어 있다. 성서학자 중에는 요한이 곤충 메뚜기가 아닌 식물 메뚜기(쥐엄열매)를 먹었다고 주장한다. 하루 낮 시간 동안의 금식을 마친 무슬림들은 금식을 깨면서 이것을 주스로 만들어 마신다.

그리고 서편 지역에서는 쿰란 공동체를 바탕으로 한 에세파의 운동이 중심축을 이루었다.

세례 요한이 요단 동편인 와디 엘까르라르 주변을 회개의 세례 운동 본거지로 삼았음을 추정하는 몇 가지 이유가 있다.

먼저 영적인 의미로 보자면, 모세가 죽은 느보산이 안겨 주는 감동과 출애굽한 이스라엘 백성이 가나안으로의 진입을 앞두고 언약을 갱신한 모압 언약의 갱신 현장이 안겨 주는 의미가 컸을 것이다. 세례 요한의 회개의 세례 운동 또한 하나님과의 언약의 갱신에 초점을 두고 있었다. 세례 요한이 영적인 엘리야였다. 그뿐만이 아니다. 엘리야 선지자 자신의 사역 현장이었다. 엘리야 선지자는 이스라엘 백성이 하나님의 언약으로 돌아오라고 회개와 회복 운동을 펼쳤다.

마지막으로 지리적인 중요성도 한몫하였다. 예수님 시대에 예루살렘과 여리고, 헤스본 등을 연결하는 주요한 교통로 텔 엘까르라르와 인접해 있었다. 그만큼 단순 여행자는 물론이고, 세례 운동에 참여할 목적으로 이곳을 찾는 사람들도 쉽게 접근할 수 있었다. 이곳 유적지에서 발굴된 로마 시대 거리 표지판이 신빙성을 더해 준다.

발굴 결과들을 토대로 추정하건대, 세례 요한의 공동체는 쿰란 공동체 이상으로 발전했을 가능성이 크다. 아마도 요한의 회개의 세례 운동에 참여한 이들이 그를 중심으로 공동체 생활을 하고 유적지를 중심으로 한 지역에 집단 거주하였을 것이다.

예수께서 시험 받으신 광야

예수께서 시험 받으신 광야가 이스라엘 여리고 주변에 있는 광야라고 하는데, 혹 요르단 모압 광야 지역이었을 가능성은 없을까? 시험 받으신 40일 동안 예수님은 어디에 머무셨을까? 광활한 광야, 아니면 수도 운동을 하던 이들처럼 동굴에, 아니면 다른 곳에?

성경에서는 예수께서 시험 받으신 장소를 단순히 광야로만 언급한다. 유대 광야에서 시험을 받으셨다는 해석도 재음미할 필요가 있다. 요단강 건너편 베다니 지역도 유대 지방이라 불렸기 때문이다. 게다가 와디 엘까르라르 주변의 지형적인 특성상 광야 생활에 더 적합한 환경을 제공했을 것이다. 다음 몇몇 정황을 통해 미루어 짐작할 수 있다.

예수님이 열성 유대인들의 박해를 피해 여러 차례 요단강을 건너가셨을 때 머무르셨던 장소가 있다. 특별히 베다니 나사로의 죽음 사건 전후한 시기에 예수님은 이곳 요단강 건너편 베다니 지역에 계셨다. 이때는 이미 세례 요한이 죽은 지 꽤 지난 다음이었다. 갈릴리 지역에 머무실 때마다 이용하셨던 가버나움의 시몬의 처가나, 요단강 건너편 베다니의 공동체 주거 지역 등은 사역을 위한 또 다른 근거지였던 셈이다. 요한복음 11장의 두 베다니 이야기(한 베다니는 예루살렘 근교의 베다니고, 다른 하나는 요단강 건너편 베다니)를 통해 앞서 언급했던 사건들의 의미를 재조명할 수 있을 것이다.

예수께서 세례받으신 광야.
요단강 저지 평야 지대 너머에 여리고 평지로 이어지는 둑이 장벽처럼 둘러싸여 있다.

갈릴리 호수 시리아 이라크

지중해 요단강

사해 **암만**

소돔
고모라
소알

이스라엘

사우디아라비아

이집트

홍해

5

소돔과 고모라의 땅 **사해 지역**

사해의 명예 회복

사해는 아랍어로는 알바흐를 마이트, 히브리어로는 얌 하멜라(염해)라고 부른다. 1967년 이후 이스라엘과 요르단의 국경선 역할을 하고 있다.

성경에는 사해라는 이름이 아닌, 염해(창 14:3; 민 34:3, 12; 신 3:17; 수 3:16, 15:2, 5, 18:19)나 아라바 바다(신 3:17, 4:49; 수 3:16; 왕하 14:25), 동해(겔 47:18; 욜 2:20; 슥 14:8) 등으로 기록되었다. 성경 외의 자료를 살펴보면, 아랍인들은 '롯의 바다'(Bahr Lut)라고 불렀으며, 요세푸스는 자신의 유대 역사서에 '아스팔트 바다'(Lake Asphaltites)로 기록하였다. 그리고 탈무드에는 '소돔 바다'(the Sea of Sodom)로 나타난다.

하루에 사해로 유입되는 수량은 약 700만 톤이며, 그 가운데 약 650만 톤은 요단강에서 흘러 들어왔다. 유입되는 물에는 나트륨(sodium)이나 마그네슘(magnesium)이 특히 많이 함유되어 있다.

예전에는 물이 유입되는 일부 지역만 소금 성분이 있었지만, 이제는 사방이 고립된 데다 뙤약볕에 엄청난 수분이 증발하면서 사해는 세계에서 가장 염분이 높은 호수가 되었다. 사해 주위 습도는 약 57%이며, 평균 온도는 화씨 77~124도다. 여름보다 겨울에 유입되는 물의 양이 더 많아서 겨울철이면 수면이 약 3~4.5m 정도 더 높아진다.

사해는 길이 75km(최장 길이 78km), 폭 6~16km, 총면적 1,015km² 정도 되는 세계에서 가장 낮은 지역(-409m)이다. 물의 깊이는 북부 지역은 400m, 남부 지역은 5m 정도다. 학자들에 따르면 사해의 규모는 지금보다 네다섯 배 정도 더 컸다고 한다.

염분 함유도가 33%가 넘는데, 보통 바닷물의 염도가 4~5%인 점

사해. 이스라엘 고대 속담에는 "사해에나 빠져 죽으라"는 말이 있는데, 이는 지옥의 영원히 꺼지지 않는 불에서 영원히 고통을 당하는 것과 비슷한 느낌을 담은 말이다.

을 감안하면 다섯 배가 훨씬 넘는 짙은 농도다. 사해에는 다양한 염류가 매장되어 있는데 염화마그네슘 220억 톤, 염화나트륨 120억 톤, 염화칼슘 60억 톤, 염화칼륨 20억 톤, 불화마그네슘 10억 톤 등이다.

한편 요단강 등 주변에서 유황과 질산 성분의 물질들이 함유된 약 7백만 톤의 물이 매일 쏟아져 들어오는데도 수위가 높아지지 않고 오히려 줄고 있다. 옛날에는 사해 수위가 높아지지 않는 현상을 두고 사해 바닥에 구멍이 있어 물이 빠져나간다고 믿은 적도 있다. 빠져나갈 구멍은 없고, 요르단 계곡의 40도가 넘는 뜨거운 열기가 수분을 증발시키기 때문이다. 이런 이유로 여러 가지 화학물질 등 고체 성분이 사해 안에 고스란히 남아 있다.

사해 주변에는 사해의 물을 분석해서 광물질을 추출해 내는 공장이 있다. 사해의 물은 피부병에 특수한 치료 효과가 있다고도 한다. 또한 이곳의 검은 흙(머드, 역청)은 신경통 등에 특효라고 전해진다. 세계 각국에서 치료를 목적으로 사해에 오는 사람들이 있다. 염도가 높아서 물에 들어가 따로 손발을 젓지 않아도 물에 둥둥 뜬다. 혹시 손발을 휘젓다가 물방울이라도 눈에 들어가면 고통이 이만저만이 아니니 조심하시기를. 어떤 이들은 욥의 고향인 '동방'이 바로 이 지역이라고 한다.

사해. 소금이 하얗게 붙어 있다.

하나님의 진노로 소돔과 고모라가 불과 유황으로 심판을 받았다는 기록과 롯의 아내가 소금 기둥이 되었다는 기록(창 19:24-26)의 현장이기도 한 사해는, 오늘날 매우 활기를 띤다.

많은 사람들이 갈릴리는 생명, 사해는 죽음이라는 식으로 대비시켜 말하고들 했지만, 사해는 죽은 바다가 아니다. 각종 미네랄이 풍부하고, 그곳에서 나오는 소금을 비롯한 각종 천연 물질은 우리 삶에 생명을 안겨 준다. 빛이나 소금처럼 사해 역시 자신을 희생하여 생명을 안겨 주는 존재인 것이다.

헤롯의 해변 별장과 사해 나루턱 자라

사해에도 부두가 있었다. 역사적인 증거로는 사해를 이용한 해군이 요단 동서편을 오갔고, 헤롯 왕 같은 이는 곳곳에 있는 별장에 갈 때 사해를 건너 다녔다고 한다. 그 부두 시설의 증거가 오늘날 발굴되어 있다. 아인 자라(Zara)에는 현지인들이 온천욕을 즐기는 온천이

사해. 염분 함유도가 높아 누구나 물에 뜰 수 있다.

🔵 TIP **역청(Mud):** 옛날에 소돔과 고모라가 멸망할 때 벼락이 아스팔트로 장식된 곳에 떨어져 전 지역이 불타 버렸다고 하는데, 학자들에 의하면 그 당시 화산과 지진의 흔적이 남아 있다고 한다. 이때 만들어진 역청 구덩이가 오늘날의 진흙(머드)이다.

바로 옆에 있다.

마사다에서 내려온 헤롯은 이곳을 통과하여 뒤편 언덕 위로 이어지는 도로를 따라 함마마트 마인과 마캐루스(무캐위르)를 오갔던 것으로 보인다. 오늘날 이곳에서 걸어서 마인이나 마캐루스를 찾는다면 족히 반나절은 걸릴 것이다. 헤롯이야 물론 마차를 이용하였을 것이지만, 평민들은 하루는 족히 걸렸을 거리다. 주변 지역은 계속 탐사 중에 있다.

와디 엘무집 하류

아르논강과 사해가 만나는 와디 엘무집 하류의 강물은 속이 훤히 보일 정도로 맑다. 와디 엘무집 상류(마다바에서 케락으로 이어지는 쪽)를 보고 실망했다면, 이곳에서 웬만큼 보상받을 수 있을 것이다. 맑은 시냇물과 천연 절벽이 자아내는 장면은 장관이다. 사실 아르논강 지역은 잘 알려진 요르단의 자연보호 지역이며, 이른바 생태 관광(Eco Tourism)이라 불리는 자연기행의 대표적인 장소 가운데 하나다. 와디 엘무집 다리에 차를 세우고 꼭 장관을 느껴 보기 바란다.

위, 중간_ 헤롯의 해변 별장터.
아래_ 와디 엘무집 하류.

아르논강이 사해로 합류하고 있다.

소돔과 고모라, 그리고 소알 땅

케락에서 사해로 가는 도로는 잘 닦여 있다. 차창 오른쪽으로는 골짜기를 따라서 흐르는 시냇물과 제법 우거진 숲이 보인다. 이 골짜기를 따라 북으로 올라가면 아르논 골짜기다. 구불구불한 길을 따라서 내려오다 보면 5km 지점에 경찰 검문소가 있고, 얼마 안 가 저 멀리 푸른 사해가 눈에 들어온다.

사해에 인접한 해안 지역에서 수도원과 까스르 엣뚜바, 이슬람 시대 성터 등 상당수의 유적지가 발굴되고 있다. 이처럼 최근에 발굴된 유적지는 그 지역 사람들도 잘 모르는 경우가 많아 현지에 가서 물어도 길을 찾기가 어려울 때가 많다. 또한 사해 수심이 계속 낮아지면서 인근 지역에 새로운 경작지가 점점 넓게 형성돼 성경 시대와 지형적인 차이가 더 크다는 것도 고려해야 한다.

소돔 밥 엣드라아

케락에서 사해로 가는 길을 따라 와디 케락을 거쳐 해면(sea level) 표지판을 지나서 남부 고르(Ghor) 지역으로 내려간다. 사해 도로를 따라간 경우라면, 사해 도로와 케락행 도로가 만나는 교차로에서 케락 방면으로 1km 지나 왼쪽으로 철조망이 쳐진 곳이다. 이곳이 청동기 시대의 텔인 밥 엣드라아(Bab ed Dhra'a)다.

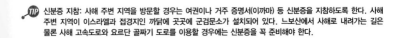

신분증 지참: 사해 주변 지역을 방문할 경우는 여권이나 거주 증명서(이까마) 등 신분증을 지참하도록 한다. 사해 주변 지역이 이스라엘과 접경지인 까닭에 곳곳에 군검문소가 설치되어 있다. 느보산에서 사해로 내려가는 길은 물론 사해 고속도로와 요르단 골짜기 도로를 이용할 경우에는 신분증을 꼭 준비해야 한다.

텔은 와디 케락을 바라보는 곳에 자리하고 있는데, 성벽을 갖추었던 전형적인 고대 도시다. BC 2600년 전에 건설된 것으로 보이며, 지금 남아 있는 것이라고는 폭 5~7m로 꽤 두터운 진흙 벽돌로 쌓은 당시 성벽의 자취뿐이다. 텔의 남동쪽 구석에는 신전(성소)의 흔적이 남아 있다.

발굴 결과, 이 도시의 멸망 시기는 하나님의 진노를 받아 사해 주변 주요 도시들이 멸망한 아브라함 시기와 거의 비슷하다. 그래서 많은 학자들이 이곳을 소돔 후보지로 꼽고 있다. 소돔과 고모라는 아브라함 당시 소알 성과 더불어 사해 주변의 대표적인 평지 성읍이었다.

텔 밥 엣드라아 건너편은 무덤 지역으로, 청동기 시대 이후부터 로마, 비잔틴을 이어 가면서 사용된 다양한 형식의 무덤이 수천 개나 남아 있다.

고모라 <small>텔 엔누메이라</small>

밥 엣드라아(소돔 지역)와 더불어 대표적인 청동기 시대 유적지다. 학자들은 이곳이 고모라 지역이라고 지목한다. 케락 교차로에서 남쪽으로 14km 지점에 도착하면 왼쪽에 다리 하나(와디 엔누메이라)가

소돔(밥 엣드라아).

있고, 바로 옆에 나무로 덮인 수원지가 있다. 그 뒤편에 꽤 높은 송신탑이 서 있는 언덕이 보이는데, 그곳이 고모라 유적지인 텔 엔누메이라(Tell en Numeira)다. 유적지 근처로 들어가려면 다리와 수원지 사이로 이어지는 도로를 따라 산등성이를 조금 올라가면 된다. 물론 이후부터는 걸어서 언덕을 올라가야 한다.

엔누메이라는 성벽으로 둘러싸여 있던 고대 도시로, 도시 주거 문화는 겨우 100여 년 정도만 이어진 것으로 보인다. BC 2350년경에 파괴된 것으로 보이기 때문이다. 고대 도시의 흔적으로는 무너진 망대나 성벽을 쌓았던 흑벽돌과 돌무더기만 겨우 남아 있다. 도시가 망한 뒤 성을 방어하기 위하여 성벽을 요새화한 흔적도 엿볼 수 있다. 성 안에 주거 흔적도 남아 있지만 너무 많이 파괴된 터라 작업을 통해 분명한 구조를 규명하는 중에 있다.

텔(언덕)의 왼쪽 사해 평지쪽 마을은 소알 성으로 추정하는 엣사피 마을이다.

루즘 엔누메이라(Rujm en Numeira)

텔 엔누메이라에서 사해 쪽(도로 건너편)으로 철조망이 쳐져 있는데, 그 너머에 조그마한 돌무더기가 있다. 이곳이 루즘 엔누메이라다. 누메이라 시를 보호하기 위하여 만들었던 망대로, 텔 엔누메이라 남쪽

고모라(텔 엔누메이라).

200m 지점에 남아 있다. 아울러 이곳에서 발견된 토기들을 통해 이곳이 나바트인들에게 와디 아라바를 이어 주는 주요 교통로의 한 지점이었음을 알 수 있다.

아래 니므림 물(와디 엔누메이라)

모압의 풍성함을 상징하는 것 가운데는 니므림 물이 있다. 니므림 물은 두 곳에 있는데, 하나는 모압 땅 북편에, 다른 하나는 남쪽 에돔과의 경계 가까이 있다.

아래 니므림 물은 고모라 유적지를 감싸고 흐르는 '와디 엔누메이라'다. 와디 엔누메이라나 북쪽의 와디 슈와이브(위 니므림)는 지금도 물이 많고 그늘이 좋아 찾는 이들이 많다. 요르단의 한인들 중에는 이곳을 서(西)페트라라고 부르기도 하는데, 페트라 협곡을 연상시키는 분위기가 압권이다.

> 헤스본에서 엘르알레를 지나 야하스까지와 소알에서 호로나임을
> 지나 에글랏셀리시야까지의 사람들이 소리를 발하여 부르짖음은
> 니므림의 물도 말랐음이로다(렘 48:34).

아래 니므림(와디 엔누메이라).

사해 평지 성읍, 고르 엣사피

이제 황량한 사막 지대는 끝나고 멀리 푸른 사해가 눈에 들어온다. 바로 요르단 남부의 고르 평야 지대다. 고르 엣사피(Ghor es Safi)는 고르 나히야 지역의 한 부분이다. 그렇지만 이 일대를 고르 엣사피라는 이름으로 부르기도 한다. 또한 성경의 기록에 따라서 이곳 사피 지역을 '롯의 고장'이라고도 부른다. 창세기 14장 2절 말씀을 보면, 이곳에 소돔, 고모라, 아드마, 소보임, 벨라(소알) 등 다섯 개의 작은 왕국이 있었다.

> 이에 롯이 눈을 들어 요단 들을 바라본즉 소알까지 온 땅에 물이 넉넉하니 여호와께서 소돔과 고모라를 멸하시기 전이었는고로 여호와의 동산 같고 애굽 땅과 같았더라 …… 아브람은 가나안 땅에 거하였고 롯은 평지 성읍에 머무르며 그 장막을 옮겨 소돔까지 이르렀더라(창 12:10-12).

고르 지방에 대해 표현한 성경 말씀을 보면, 여호와의 동산(에덴) 같고, 이집트(애굽)와 같았다고 적고 있다. 말도 안 된다고 하는 이들이 있고, 백 번 양보하여 과거에는 이곳이 비옥했는데 하나님의 심판으로 이렇게 된 것이라고 하는 이들도 있다. 단, 후자도 뭔가 마음에 들지 않는 표정을 감추지 못한다.

사실 성경의 언급은 롯의 시각에 맞춰져 있다. 롯이나 아브라함 모두 직업이 목자요 유목민이었으니 인근 지역에서 양떼를 몰던 처지였다. 즉, 그들이 알고 있는 땅이라는 것은 자신들이 밟고 다닌 땅이 전부였다. 전체적인 맥락으로 본다면 이들은 오늘날의 헤브론(알칼릴)이나 벧엘(라말라 근교), 그리고 이집트의 나일강 삼각주 지역의 스텝 지역 정도였다. 다른 지역들이 스텝(준스텝) 지형인 것에 비교한다면 이곳은 물이 풍부하고 농경이 가능한 초지들로 둘러싸여 있었다. 그래서 롯의 눈에는 하나님의 동산 에덴같이 보였을 것이다.

아울러 이 지역은 교통의 요지였다. 남부 아라바 광야를 타고서 올라오는 에멘(시바 왕국 등) 등의 대상들과 왕의 대로를 타고 이어지는 주요 무역로, 팔레스타인 지역에서 건너오는 교역 물량 등이 연결되던 길목이었다. 그 영향으로 이 지역의 다섯 개 도시국가인 소돔, 고모라, 소알, 아드마, 스보임 왕국 등은 부를 누렸을 것이다. 이 과정에서 향락 소비 문화가 확산되고 급기야 하나님의 심판을 자초하게 된 것이다.

사해 주변 지역 한 골짜기에서 사해 주변 다섯 개 도시국가와 멀리 메소포타미아 지역의 4개 도시국가 연합군 사이에 전투가 일어났던 적이 있다. (성경에는 염해 근처 싯딤 골짜기로만 언급된다. 아마도 아카시아 나무가 많은 한 골짜기였을 것이다. 싯딤이라는 이름은 아카시아로, 이른바 광야 지형에 서식하는 나무다.) 전투 결과 사해 도시국가 연합군이 패배했다.

메소포타미아 지역 연합군은 시날 왕 아므라벨, 엘라살 왕 아리옥, 엘람 왕 그돌라오멜, 고임 왕 디달 등이다. 이들 메소포타미아 연합군은 아카바 주변 지역을 경유하여 오늘날의 이스라엘 남부 네게브 사막 지역을 장악하고 다시 아라바 광야길을 따라 북진 중이었던 것이다.

사해 남단에는 평지 성읍이 자리했다.

롯의 고장 소알

소알 성이 작았으니 소알 지역도 작다? 그렇지 않다. 성은 최소한의 기능만 갖춘 작은 크기였을지 모르지만 그렇다고 소알 지역 전체가 작고 좁다고 판단해서는 안 된다. 소알 성과 주변의 들 모두가 소알 지역이기 때문이다. 소알 땅은 비옥한 환경 위에 자리하고 있다.

소알 땅은 비잔틴 시대 때는 주라(Zoora)로 불렸고, 마다바의 모자이크 지도(Zoar)에서도 볼 수 있다. 조가르(Zoghar)라는 아랍 지명은 이 지역에서 많이 생산되는 설탕에서 유래된 것으로 보인다.

와디 엘하사에서 남쪽으로 4km 떨어진 설탕공장이 있는 곳에 위치한 키르벳 쉐이크 이사로 불리는 언덕은 소알 성 유적지다. 그렇지만 오늘날 이곳에서 3,000~4,000년 전 유적을 찾아본다는 것은 불가능하다.

키르벳 쉐이크 이사(소알성 유적지)

이슬람 마물루크 왕조 것으로 보이는 잘 다듬어진 돌로 쌓은 건축물의 벽과 바닥만이 남아 있다. 발굴 결과 비잔틴 시대 유적과 후기 이슬람 시대 유적이라는 것이 확인되었다.

소알성 유적지인 키르벳 쉐이크 이사.

따와헨 앗쑤까르

아랍어로 '설탕 방앗간'이라는 뜻이다. 아직도 설탕 방앗간으로 사용되었던 수로 구조물이 그대로 남아 있다. 이곳의 물레방아를 돌리기 위하여 와디 엘하사(세렛 시내)에서 물을 끌어들여 사용하였다. 물의 낙차를 이용하여 물레방아를 돌렸던 흔적이 남아 있다.

지금까지 전하는 대부분의 유적은 이슬람 아이윱 시기와 마물루크 시대 것들이다. 이슬람 마물루크 시대의 자료에 따르면 당시 남부 고르 지방에서는 사탕수수가 많이 재배되었다고 한다.

소알 성 무덤 지역(안나제 무덤 지역)

안나제 무덤(Al nage Cemetry) 지역은 따와헨 앗쑤까르 뒤편 언덕에 이어진다. 초기 청동기 시대부터 이곳을 무덤으로 사용했다. 따와헨 앗쑤까르의 물레방앗간에서 가까운 쪽 무덤들은 비잔틴 시기의 것들이다.

이 지역에서는 본격적인 발굴 작업이 한 번도 이루어지지 않았다. 현재 모양들은 도굴꾼들이 도굴하면서 만들어 놓은 자취다. 소알 성 사람들이 이곳에 무덤을 하나둘 만들어 갔고, 시대를 이어 가면서 계속 죽은 이를 장사지냄으로써 오늘날의 무덤 지역이 형성되었다.

무덤에서 발굴된 비문의 90퍼센트는 그리스어고, 10퍼센트 정도   **179**

따와헨 앗쑤까르. 물의 낙차를 이용한 사탕수수 물레방아가 있었다.

가 아랍어로 쓰여 있다. 청동기 시대 무덤은 무덤 지역에서 남동쪽으로 더 가야 한다.

정말 소금이 맛을 잃을 수 있을까? 예수님은 믿는 이들의 삶에 대하여 언급하시면서 "소금이 그 맛을 잃으면 아무 쓸 데 없어 다만 밖에 버려져 사람들에게 밟힐 뿐"이라고(마 5:13) 하셨다. 정말 맛을 잃은 소금이 존재할까?

고대 이스라엘 사회에서 소금은 다양한 용도로 쓰였다. 식용은 물론 제사를 드릴 때도, 부엌에서도, 심지어는 사회에서 언약이나 계약을 할 때도 사용되었다. 굳은 언약을 맺으면서 소금을 먹었는데, 이때 소금은 신실함이나 우정을 상징했다. 그래서 성경에 보면 너희 사이에 소금을 두고 화해하라는 기록이 나온다.

불을 지필 때도 사용했다. 한국 농촌에서 소똥을 말려 사용하듯이 중근동 지역에서는 낙타 똥을 말려 연료로 사용하곤 했다. 이때 불이 잘 붙지 않는 낙타 똥에 소금을 이용하여 불을 지피곤 했다.

역사를 통해 알고 있는 것처럼 우리나라 조선 시대 때 소금의 가치는 대단히 높았다. 하지만 천년하고도 수백 년 전 팔레스타인 지역에서의 소금의 가치에 비할 바는 아니다. 당시 소금들은 염전 등을 통해 정제된 제염이 아니었다. 그냥 사해 가장자리 등에서 자연 채취해 사용했다. 사해 인근의 물이 말라 버리거나 더운 계절에 자연 증발된 소금을 채취해서 사용한 것이다. 이러다 보니 채취된 소금도 질이 다양했다. 가장 좋은 것은 식염으로 사용했고, 나머지 불순물이 많이 포함된 소금들은 부수적인 용도로 사용했다.

예수께서 말씀하신 "밖에 버려져서 사람들에게 밟히는 소금"은 성전에서의 소금의 용도에 관한 이야기다. 대리석 등으로 바닥이 잘 장식된 성전 마당은 겨울이면 눈이 쌓이거나 성애가 끼고, 얼음이 얼곤 했다.
이때 제설(除雪) 용도로 소금을 뿌렸던 것이다. 소금이란 뭐니뭐니해
도 가장 요긴한 용도가 식염인데, 길에 뿌려지는 소금이라면 그 역할로
는 가장 아래가 될 것이다. 그래서 그런 표현을 쓰신 것으로 보인다.
지푸라기나 불순물이 많이 포함된 소금덩어리는 우리들에게 어떤 교훈
으로 다가오는 것일까? 우리의 삶이 정결해진다면 더 고귀한 용도로
사용된다는 소금의 철학이 사해를 방문하는 이들에게 속삭인다. 마치
그릇이 깨끗해야만 요긴하게 제 몫을 다하는 것처럼…… Jordan

소금 결정체가 되어 버린 사해 물결.

롯의 동굴 ^{카하프 롯}

고르 엣사피의 북동쪽 언덕, 고대 소알 땅이 보이는 한 언덕에는 롯의 동굴이라고 불리는 5세기 비잔틴 시대의 수도원 유적지가 자리하고 있다. 마다바 지도에는 '성 롯의 수도원'으로 적혀 있다. 이곳은 현재 비잔틴 시대의 교회터와 건물들을 계속 발굴 중이며, 롯의 동굴을 중심으로 지어졌던 교회당 모자이크도 거의 복원이 끝나 있다. 그리고 중기 청동기 시대 전후한 시대의 유적이나 이슬람 압바스 왕조 (AD 8세기) 시대 유적도 발굴되고 있다.

주차장에서 언덕을 따라 만들어 놓은 돌계단으로 약 200m, 10여 분 이상 올라가면 사해 전경이 들어온다. 여기서 잠시 소돔과 고모라 사건을 음미해 보는 것도 새로울 것이다.

사실 당시에 소돔과 고모라는 물론이고 중근동에서 근친상간(近親相姦)은 심각한 범죄도 아니었고, 사회에서 종종 벌어지는 일이었다. 그렇다면 술에 취한 롯은 과연 두 딸이 자신과 관계를 갖는 것을 전혀 알아차릴 수 없었을까? 롯의 무기력함과 당시 여느 여성들이 그랬던 것처럼 대를 이어야 한다는 롯의 두 딸의 강박관념이 가슴 저리게 다가온다.

롯이 소알에 거하기를 두려워하여 두 딸과 함께 소알에서 나와 산에 올라 거하되 그 두 딸과 함께 굴에 거하였더니 큰딸이 작은딸에게 이르되 우리 아버지는 늙으셨고 이 땅에는 세상의 도리를 좇아 우리의 배필 될 사람이 없으니 우리가 우리 아버지에게 술을 마시우고 동침하여 우리 아버지로 말미암아 인종을 전하자 하고 그 밤에 그들이 아비에게 술을 마시우고 큰딸이 들어가서 그 아비와 동침하니라 그러나 그 아비는 그 딸의 눕고 일어나는 것을 깨닫지 못하였더라 이튿날에 큰딸이 작은딸에게 이르되 어젯밤에는 내가 우리 아버지와 동침하였으니 오늘 밤에도 우리가 아버지에게 술을 마시우고 네가 들어가 동침하고 우리가 아버지로 말미암아 인종을 전하자 하고 이 밤에도 그들이 아비에게 술을 마시우고 작은 딸이 일어나 아비와 동침하니라 그러나 아비는 그 딸의 눕고 일어나는 것을 깨닫지 못하였더라 롯의 두 딸이 아비로 말미암아 잉태하고 큰딸은 아들을 낳아 이름을 모압이라 하였으니 오늘날 모압 족속의 조상이요, 작은딸도 아들을 낳아 이름을 벤암미라 하였으니 오늘날 암몬 족속의 조상이었더라(창 19:30-38).

그렇지만 모압과 암몬의 후손들인 요르단 사람들은 이 이야기를 자신들의 출생의 비밀로 받아들이지 않는다. 물론 무슬림들도 롯과 두 딸의 이야기를 꾸란에서 찾지 못한다. 기록이 없기 때문이다.

롯의 아내가 굳어서 된 소금 기둥

사해를 찾는 이들은 성경 말씀을 기억하고는 롯의 부인이 굳어서 된 소금 기둥을 보고 싶어 한다. 하도 찾는 이들이 많다 보니 이스라엘에는 비공인 롯의 아내 소금 기둥이 있다. 그런데 그 크기가 오늘날 성인보다 얼마나 큰지 모른다. 그렇다면 정말 롯의 아내가 굳어서 된 소금 기둥이 남아 있을까?

사건의 의미보다 사건 자체의 한 에피소드에 집중하다 보면 전설 따라 삼천리가 되고 마는 것이 이른바 성지 순례이다. 그럼 롯의 아내 이야기를 좀 달리 생각해 보자. 소금 기둥이 되어 버린 롯의 아내를 가족들은 그대로 방치해 두었을까?

그래도 보고 싶다면?! 요르단판 망부석 롯의 소금 기둥은 아인 자라 근처 오른쪽 언덕 위에 있다. 석양 무렵의 사진은 이른바 롯의 부인의 소금 기둥이 붉은 노을진 사해와 더불어 망부석 같은 분위기를 자아낸다. Jordan

루힛 비탈길 와디 엘이쌀

케락 교차점에서 고속도로를 타고 남쪽으로 가다 보면 소금공장이 있고, 이곳에서 7km 정도 더 가면 와디 엘이쌀(Wadi el 'Isal)이 나온다.

도로에서 수백 미터 정도 안쪽으로 들어가면 비잔틴 시대에 사용했던 것으로 보이는 수백 미터에 이르는 수로의 흔적과 당시 주변에서 채광된 광석 제련 시설물을 볼 수 있다. 또 길에서 1km 정도 더 들어가면 비잔틴 시대의 망대로 보이는 구조물도 있다.

지금도 와디 엘이쌀과 카트랍바 마을을 이어 주는 이 도로는 로마 시대에 다듬어진 것이다. 성경학자들은 와디 엘이쌀 지역을 이사야 서에 등장하는 루힛(Luhith) 비탈길로 추정한다.

> 내 마음이 모압을 위하여 부르짖는도다 그 귀인들은 소알과 에글랏슬리시야로 도망하여 울며, 루힛 비탈길로 올라가며 호로나임 길에서 패망을 부르짖으니 니므림 물이 마르고 풀이 시들었으며 연한 풀이 말라 청청한 것이 없음이로다(사 15:5-6).

세렛 시내 와디 엘하사

케락 남쪽으로 엘후쎄이니예를 지나서 35번 지방도로(왕의 대로)를 따라 따피일라 길로 계속 더 들어서면 내리막길이 이어진다. 사해도로를 이용할 경우는 고모라(루즘 엔누메이라)와 롯 동굴 입구 길을 지나 아카바로 이어지는 도로를 따라 이동하면서 큰 다리 하나를 지나게 된다. 키르벳 쉐이크 이사(소알성 유적지)에 가기 전이다. 와디 엘하사 (Wadi el Hasa)는 케락 지방과 따피일라 지방의 경계선 역할을 하고 있다. 성경에서는 세렛 골짜기(민 21:12) 또는 세렛 시내(신 2:14)로 언급되는 곳으로, 모압과 에돔의 경계선이었다.

세렛 시내(버드나무 시내)의 남쪽은 신명기 1장 1절("아라바 광야 곧 바란과 도벨과 라반과 하세롯과 디사합 사이에서")에 나오는 도벨이다. 와디 엘하사 언저리에 이르면 와디 엘무집처럼 장엄하지는 않지만, 풍경이 완전히 뒤바뀌는 인상적인 경치를 만나게 된다.

이스라엘 백성이 광야에서 보낸 38년 반 가운데 상당 기간을 와디 엘하사 남단 아라바 광야 주변 지역과 와디 람 주변 지역에 살았다는 일부의 주장이 있다. 즉, 오늘날 사해가 끝나는 부분에서 아카바로 가는 주변 지역에 살았다는 것이다. 그러나 아론의 죽음 직전까지 이스라엘 백성이 머물던 곳은 아라바 광야 서편 바란 광야 주변 지역이었다고 보는 것이 더 바람직하다. 이스라엘 백성의 요르단 체류는 출애굽 40년 후반기에 해당하는 것으로 보는 것이 옳다. 그것은 아론이 므리바 사건의 공동 책임을 지고 호르산에서 죽은 것이 출애굽 40년 5월 1일(8월 초)의 일이었고, 이후에 호르마 사건과 놋뱀 사건을

와디 엘이쌀 하류.

경험하고 나서야 세렛 시내를 건넜다는 점과 모세의 모압 언약 갱신이 출애굽 40년 11월 1일(2월 초)이었다는 점에서 추정이 가능하다.

한편, 이스라엘 백성이 세렛 시내를 건너고 모압 땅에 들어서기까지는 악조건의 연속이었다. 뜨거운 폭염은 물론이고, 곧 겨울 우기에 닥칠 비와 눈보라, 폭풍이 이스라엘 백성을 기다리고 있었다. 게다가 변방 경계 지역을 지나가야 했던 까닭에 행로 또한 불편하기 그지없었다. 버려진 땅, 경계를 할 필요가 없는 악천후의 계절에 이스라엘 백성은 광야 생활의 막바지를 장식했다.

어떤 점에서 가데스 바네아 주변 지역에 머물던 38년은 광야 생활에 적응하고 즐기기에 넉넉한 시간이었다. 게다가 광야에서 태어나고 자란 이들에게 광야는 어쩌면 익숙한 환경이었을 것이다. 그런데 무슨 까닭에서였는지 이스라엘 백성은 본토와 같은 곳을 떠나는, 번거로움과 악천후를 감수하고 가나안으로 갔다. '포기'하는 결단과 헌신 없이는 있을 수 없는 일이다.

186

이제 너희는 일어나서 세렛 시내를 건너가라 하시기로 우리가 세렛 시내를 건넜으니 가데스 바네아에서 떠나 세렛 시내를 건너기까지 삼십팔 년 동안이라 이때에는 그 시대의 모든 군인들이 여호와께서 그들에게 맹세하신 대로 진 중에서 다 멸절되었나니(신 2:13-14).

세렛 시내.

6

다윗의 슬픈 노래가 잠든
길르앗 절반^남

여기서 말하는 길르앗 절반은 길르앗 남부를 말한다. 성경에서 말하는 '길르앗 지방'은 요르단 북서쪽 지방 도시 대부분이 포함된 고산 지대로, 인구가 가장 밀집되어 있는 곳이다. 구약 시대에 길르앗과 바산으로 알려진 지역이다. 요르단 북부 지방은 길르앗 지방과 신약 시대의 데가볼리 지경이 겹친다. 길르앗 절반은 암만 북쪽에서 얍복강 남쪽까지의 지역을 가리킨다. 성경은 아래 길르앗을 '길르앗 절반'으로, 위 길르앗을 '길르앗의 남은 땅'으로도 묘사했다.

> 헤스본에 거하던 아모리 사람의 왕 시혼이라 그 다스리던 땅은 아르논 골짜기 가에 있는 아로엘에서부터 골짜기 가운데 성읍과 길르앗 절반 곧 암몬 자손의 지경 얍복강까지며(수 12:2).

노바 텔 사푸트

암만에서 제라쉬 길을 따라 스웨일레를 벗어나면서부터 북쪽으로 사푸트 마을이 눈에 들어온다. 대략 15km 떨어진 지점에는 오른쪽으로 텔(언덕)이 하나 눈에 들어온다. 이 텔은 고대 로마, 비잔틴 시대 유적을 간직한 18×70m 정도 크기의 텔 사푸트(Tell Safut)다. 해발고도 927m(평지 기준으로 300m 정도, 스웨일레 기준으로 한다면 200m 정도 낮은 지점) 언덕에 자리한 텔 사푸트에는 비잔틴 시대에 세워진 성 마카리우스 교회의 흔적이 남아 있다. 오늘날의 사푸트 마을은 유적지의 서쪽에 떨어져 있다.

사사기 8장 11절의 노바(Nobah) 지역으로 추정한다. 이곳에서 발굴된 쇠막대기는 역대상 20장 3절에 등장하는 요압이 암몬을 점령하고 그곳 사람들에게 노역을 시킨 대목을 확인시켜 준다. "톱질과 써레질과 도끼질을 하게" 하였다는 대목이 그것이다. 텔 정상에서 바라보면 바까 평원이 보이고, 요르단 골짜기와 길르앗 산지로 가는 주요 도로들이 한눈에 들어온다. 노바 길은 이런 지형적인 특성으로 암몬과 길르앗 지방을 연결하는 주요 교통로요, 무역로 역할을 담당했다. 중기 청동기 시대 이후 문명의 흔적이 남아 있다. 텔 사푸트 지역의 물 공급은 수웨일레와 사푸트 자체에서 충당한 것으로 보인다.

압복강 중류 지역.

마하나임에서 하나님의 군대를 만나다

얍복강 자르까강

암만에서 제라쉬로 가는 길에는 요르단의 특색을 맛볼 수 있는 산악 지형과 들판이 펼쳐져 있다. 제라쉬에 들어서기 10~15분 전쯤(제라쉬 8km 전쯤), 암만에서 41km 지점에는 개울이 흐르고, 그 위에 작은 다리가 놓여 있다. 개울가에는 작은 나무들이 자라고, 몇 무리의 염소들이 풀을 뜯고 있다. 이것이 얍복강(나흐르 엣자르까)이다. 여기서 성지 순례객들은 크게 실망(?)한다. 얍복강이 너무 작고 보잘것없어 보이기 때문이다.

강 전체 길이는 약 130km 정도, 평균 낙차는 1.6km다. '얍복'이라는 이름은 물이 흐를 때 물결치는 소리에서 비롯되었다. 천연의 가파른 둑이 자연스럽게 지역과 국가의 경계선 구실을 해 왔다. 하류는 아모리의 두 왕국 시혼 왕의 헤스본 왕국과 옥 왕의 바산 왕국 사이

193

얍복강 중류 지역.

에 경계가 되었다. 위 길르앗과 아래 길르앗의 경계가 이뤄졌다.

성경에 등장하는 얍복강 주변의 주요 지명으로는 거라사(제라쉬), 마하나임(툴룰 엣다합 엘가르비), 야곱이 천사와 씨름한 장소 브니엘(툴룰 엣다합 엣샤르끼), 숙곳, 요단강 물이 멈추었던 아담 읍(텔 다미예) 등이 있다.

> 르우벤 자손과 갓 자손에게는 길르앗에서부터 아르논 골짜기까지 주었으되 그 골짜기의 중앙으로 지경을 정하였으니 곧 암몬 자손의 지경 얍복강까지며(신 3:16).
>
> 암몬 자손의 왕이 입다의 사자에게 대답하되 이스라엘이 애굽에서 올라올 때에 아르논에서부터 얍복과 요단까지 내 땅을 취한 연고니 이제 그것을 화평히 다시 돌리라 …… 아르논에서부터 얍복까지와 광야에서부터 요단까지 아모리 사람의 온 지경을 취하였었느니라(삿 11:13-22).

브니엘 툴룰 엣다합 엣샤르끼예

텔 데이르 알라에서 얍복강을 따라 약 7km 정도 가면 오른쪽에

브니엘 유적지의 일부분.

정수장이 나온다. 이 지역이 옛다합 지역이다. 일부 고고학자는 이집트 룩소의 카르낙 신전에 그려진, BC 926년 시삭 왕의 팔레스타인 원정 기념벽화에 나오는 정복 도시 목록 가운데 53번째 도시를 브니엘(Peniel)이라고 지적한다.

요르단 골짜기 도로를 가다 왼쪽으로 텔 데이르 알라(숙곳)로 가는 길이 나타나면, 오른쪽으로 갈림길이 이어진다. 이 갈림길을 따라서 7km 정도 북동쪽으로 이동하면 얍복강을 따라서 길이 이어진다. 유적지 가까운 곳에 댐(수원지)이 축조돼 있고, 이 댐 정면에서 남북으로 이어져 있는 언덕의 동쪽은 브니엘 지역, 서쪽은 마하나임 지역이다.

이곳에서는 유적 발굴 작업이 작은 규모로 진행되고 있다. 후기 청동기 문명에서부터 초기 로마 시대에 이르기까지 다양한 문명의 흔적들이 발견되고 있다.

> 그러므로 야곱이 그곳 이름을 브니엘이라 하였으니 그가 이르기를 내가 하나님과 대면하여 보았으나 내 생명이 보전되었다 함이더라 그가 브니엘을 지날 때에 해가 돋았고 그 환도뼈로 인하여 절었더라(창 32:30-31).
> 거기서 브누엘에 올라가서 그들에게도 그같이 구한즉 브누엘 사람들의 대답도 숙곳 사람들의 대답과 같은지라 기드온이 또 브누엘 사람들에게 일러 가로되 내가 평안이 돌아올 때에 이 망대를 헐리라 하니라(삿 8:8-9).
> 여로보암이 에브라임 산지에 세겜을 건축하고 거기서 살며 또 거기서 나가서 부느엘을 건축하고(왕상 12:25).

숙곳과 브니엘 사람들의 애가

믿음의 인물이라고 하여 기드온의 모든 행위가 옳았던 것은 아니다. 성경은 있는 그대로를 드러내지만, 우리들은 애써 좋게좋게 해석하려고 애를 쓴다. 기도온의 숙곳과 브니엘 굴욕 사건도 전형적인 예다.

요단강에서 불과 10리 정도 떨어져 있는 숙곳과, 요단강에서 30리 떨어져 있는 브누엘 사람들은 지정학적인 위치 때문에 여러 차례 화를 당했다.

모압 왕 에글론은 모압 군대와 암몬과 아말렉 용병들을 데리고 와 여리고를 점령하여 이스라엘을 다스렸다. 18년 뒤, 에훗은 계략으로 에글론 왕을 살해하고 이스라엘을 동원하여 반격했다. 에훗은 도망치는 모압 군대를 요단 나루턱 길목(후쎄인 왕 다리, 가나안 땅을 밟았던 이스라엘 백성들이 건넌 다리)을 봉쇄하여 다 무찔렀다.

후에 사사 기드온은 전쟁시에 남은 적군을 무찌르기 위하여 여리고 나루턱과 아담 읍 가까운 요단 나루턱을 봉쇄하고, 도망친 미디안 군대를 추격한다. 아담 읍 근처 얍복강 하류에 있는 숙곳과 브누엘 주민들은 기드온 군대를 박대했고, 그것이 빌미가 되어 화를 입었다. 그도 그럴 것이 막강한 미디안 군대에 대항하는 이스라엘 군은 고작 지쳐 있는 300여 명밖에 되지 않았기 때문이다.

"너희가 세바와 살문나를 사로잡았냐? 우리가 어떻게 너희에게 빵을 줄 수 있겠느냐?" 숙곳과 브누엘 사람들로서는 바른 말을 한 것이었다. 다만 정치적인 흐름을 제대로 파악 못한 것이 큰 잘못이었다.

그렇지만 그 지역 주민들을 무자비하게 다스린 기드온의 행위 또한 별로 아름다운 일은 아니었다. 그의 감정적인 행동은 이후에도 한 번 더 나타나는데, 암몬 세력 축출 과정에서 공을 다투는 에브라임 지파와의 신경전이 빚어졌을 때 화해를 택했다(사 8:1-3). 비슷한 형편에서 사사 입다가 전쟁을 택한 것(사 12:1-6)과는 아주 대조적이다. Jordan

툴룰 엣다합의 오른쪽 언덕이 마하나임 지역이다. 마하나임은 일찍이 길르앗 지방 중심지였을 것이다. 이집트 카르낙 신전을 통해 알 수 있는 시삭 1세의 정복 도시 목록 22번째에 언급돼 있다. 얍복강 나루턱에 위치하며 천연적으로 노출된 사암 지형 위에 건설되었다. 이러한 지형적인 특성으로 길르앗의 행정도시 역할을 담당했다. 철광이 풍부한 아즐룬과 가까워 철기 시대 토기도 많이 발굴되었다.

키르벳 엘마흐네(또는 텔마흐네), 쌀트 지방의 텔핫자제도 마하나임 후보지로 올라 있다. 그러나 다윗 왕의 망명정부와 연결되는 마하나임이나 야곱의 귀향길에 등장하는 마하나임은 모두 얍복 강변에 자리하고 있다. 이런 점에서 위 길르앗 지방 한복판인 이르비드 근교의 키르벳 엘마흐네나 얍복강 남쪽 쌀트 지방의 텔핫자제 등은 설득력이 떨어진다.

각기 다른 마하나임이 성경에 두 곳 등장하는 것으로 보는 것도 가능하다. 키르벳 엘마흐네를 '위 마하나임'으로, 얍복 강변의 것을 '아래 마하나임'으로 정리할 수 있다. 그러나 야곱과 다윗의 이야기는 물론 마하나임과 연관된 주요 사건은 얍복 강변의 마하나임에서 이뤄졌다.

197

야곱이 그들을 볼 때에 이르기를 이는 하나님의 군대라 하고 그 땅 이름을 마하나임이라 하였더라(창 32:2).

사울의 군장 넬의 아들 아브넬이 이미 사울의 아들 이스보셋을 데리고 마하나임으로 건너가서 …… 넬의 아들 아브넬과 사울의 아들 이스보셋의 신복들은 마하나임에서 나와서 기브온에 이르고 …… 아브넬과 그 종자들이 밤새도록 행하여 아라바를 지나 요단을 건너 비드론 온 땅을 지나 마하나임에 이르니라(삼하 2:8-29).

바후림 베냐민 사람 게라의 아들 시므이가 너와 함께 있나니 저는 내가 마하나임으로 갈 때에 독한 말로 나를 저주하였느니라 그러나 저가 요단에 내려와서 나를 영접하기로 내가 여호와를 가리켜 맹세하여 이르기를 내가 칼로 너를 죽이지 아니하리라 하였노라 (왕상 2:8).

마하나임에 울려 퍼지는 다윗의 애가

다윗은 정치적으로 망명해야 할 상황에 놓이자 부모님을 모압 땅(요르단 남부)으로 모셔 갔다. 이후 블레셋과 벌인 길보아 전투에서 사울 왕의 군대가 대패하고 사울 왕마저 죽자, 군장 넬의 아들 아브넬은 이스보셋을 왕으로 세우고 요단 얍복강 근처 마하나임에 이스라엘 정부를 세웠다. 길르앗 주민들은 사울의 시신을 수습하여 야베스 길르앗에 장사지냈다. 전에 야베스 길르앗이 암몬의 공격을 받았을 때 사울이 원군을 보내 격퇴시켜 준 것에 대한 보답의 의미였다.

이후 이스보셋의 이스라엘 왕국은 다윗이 세운 유대 왕국과 여러 차례 세력 다툼을 벌였다. 그러다 BC 1005년경 예루살렘 근교 기브온 전투에서 아브넬의 군대에 패하면서 이스보셋 왕국의 세력은 급격히 쇠락했고, 이스보셋이 죽자 끝이 났다.

한편, 압살롬이 반란을 일으키자 다윗은 요단강을 넘어 마하나임 지역으로 도피했다. 마하나임은 역사 속에서 여러 차례 이스라엘의 망명 정부나 반란 정부, 피난 정부가 들어섰던 곳이다. 압살롬의 반역군과 다윗의 정부군은 요르단 북부 길르앗 땅에서 한바탕 싸웠다. 결국 패주한 반역군은 상수리나무가 우거진 인근 에브라임 수풀 지역으로 도주한다. 그러다 풀어 흐트러진 머리카락이 상수리 나뭇가지에 걸려 옴짝달싹 못하게 된 압살롬은 요압의 손에 최후를 맞는다. 얼마나 기구한 운명이던가? 이 소식이 마하나임 임시 궁에 머물고 있던 다윗에게 전달

되었고, 그는 애끓는 마음을 시로 달래야 했다.

압살롬이 걸려 죽은 상수리나무는 어디에 있을까? 요르단의 상수리나무는 우리나라 상수리나무와는 생김새가 다르다. 같은 사람이라도 미국 사람 다르고 한국사람 다른 것과 같은 이치다. 그래도 둘 다 참나무과에 속한다. 요르단 길르앗 산지의 상수리나무는 모양새가 조금 독특한데, 손가락을 펼친 것처럼 가지들이 모두 아래로 뻗어 있다는 것이다. 손가락처럼 뻗어 있다 보니 상수리나무 가지에 뭔가가 걸릴 가능성이 크다.

아니나 다를까. 머리카락이 길었다는 압살롬이 전투 중에 나귀를 타고 급하게 달리다가 상수리나무 가지에 머리카락이 걸리고 말았다. 요압이 그 순간을 놓치지 않았고, 압살롬은 그렇게 최후를 맞이했다. 한데 이 부근 어디에도 3천 살짜리 상수리나무는 없다. 즉, 압살롬의 죽음을 목격한 상수리나무 또한 없다.

그렇다면 에브라임 수풀은 어디에 있는 걸까? 에브라임 지파가 분배받은 땅은 분명 이스라엘 예루살렘 북쪽 지역에 있다. 그렇다면 에브라임 수풀도 당연히 그곳이 아닐까? 그러나 압살롬은 분명 요단강 동편 길르앗 산지의 에브라임 수풀에서 죽었다. 그러면 에브라임 수풀이 두 곳이란 말인가? 물론 아니다. 에브라임 지파가 분배받은 땅은 에브라임 산지로 불렸고, 요단강 동편이 바로 에브라임 수풀이다. 에브라임 수풀의 유래를 보면 쉽게 이해할 수 있다.

'쉽볼렛 십볼렛 사건', 즉 말하기 시험은 에브라임 사람들의 발음 구조를 이용하여 기드온이 에브라임 지파를 살육하는 장면에 등장한다. 자신이 에브라임 지파임을 숨길 수 없었던 이들은 모두 얍복강 기슭 길르앗 산지에서 죽임을 당했다. 그 뒤부터 얍복강에 가까운 길르앗 산지를 에브라임 수풀로 불렀다. 구체적으로 말한다면 '에브라임 사람들이 기드온과 맞서다가 죽임 당한 수풀'인 것이다. Jordan

마하나임의 퇴적토로 형성된 농경지.

쌀트의 영어 표기가 'Salt'라고 해서 소금을 의미하는 '쏠트'(Salt)로 오해하곤 하는데 이는 곤란하다. 엣쌀트(Es Salt)는 한때 요르단의 수도였다. 한국인 단체 관광객들은 이곳을 전혀 찾지 않지만 매우 중요한 성지다.

12지파 가운데 갓 지파가 쌀트를 중심으로 하는 주변 지역을 분배받았다. 갓 지파가 분배받은 땅은 후에 길르앗 지방 남쪽 길르앗을 형성했다. 갓 지파의 영역은 와디 슈와이브로 불리는 시냇물이 흐르는 골짜기로 둘러싸여 있다. 이 갓 지파가 살던 땅의 중심지가 바로 오늘날의 쌀트다.

갓 지파와 연관성이 있다는 것은 쌀트 시내 중심 서쪽 산 언덕에 자리한 고대 성벽의 발굴 결과를 통해서도 엿볼 수 있다. 그곳에서 발견된 자료에 따르면 성 이름이 '자드란'이었다. '갓'(자드)을 고대 셈어로 표기한 것으로 보인다.

쌀트를 중심으로 북쪽 산지와 고원 평야 지대 주변에 길르앗 지방임을 보여 주는 지명들이 많다. 쌀트 북쪽의 대표적인 산지는 자이 국립공원으로, 길르앗 산지의 특징을 보여 주는 소나무 종류와 상수리나무 숲이 잘 보존되어 있다.

쌀트에서는 이슬람 전통과 성경의 명확한 주장이 어떻게 차이가 나는지도 엿볼 수 있다. 그만큼 이슬람을 이해하는 데 아주 유익한 장소다. 이슬람 지역 전승에 따르면 '갓'의 무덤을 비롯하여 여호수아의 무덤, 욥의 무덤, 이드로의 무덤이 이곳에 자리하고 있다. 이드로의 무덤에 대해서는 뒤에서 다시 짚어 보겠다.

이슬람 전통에서 주장하는 갓과 여호수아(이슬람 이름으로는 유샤)의 무덤은 이슬람 사원으로 활용하고 있다. 쌀트 시에서 조금 더 안쪽으로 들어가면서 이어지는 서쪽 언덕 위에 자리하고 있다. 그러나 성경은 분명하게 여호수아가 에브라임 산지 딤낫세라(오늘날 팔레스타인 자치 구역의 하나인 라말라 근교 벧엘 서북쪽 16km 지점으로 추정한다)에 장사되었다(수 24:29; 삿 2:9)고 적고 있다.

이슬람 전통과 꾸란(21장 83-84절, 욥이 외쳐 가로되 "진실로 이 고통들이 나를 덮쳐서 떠나질 않구나. 하지만 신이 내리는 가장 존귀한 자비하심이라면 이것 또한 그러하리라." 곧 우리는 그의 음성을 듣고 그의 고통을 덜어내어 그의 가족과 그의 모든 사람들을 회복시키고 오직 버리지 아니하고 우리를 섬긴 그에게 갑절의 은총과 축복의 재물을 주었도다)은 키르벳 아이웁이 욥이 마지막으로 안식하던 장소라고 주장한다. 그러나 성경 학자들은, 욥은 요르단 남동부 지역에 살았다고 추정한다.

암만에서 북서쪽으로 30km, 해발 790~880m 정도 되는 두 개의 언덕 위에 세워진 쌀트는, 발까(Balqa) 지방의 행정 도시이다. 1994년 통계로 187,014명의 인구가 살고 있다.

쌀트라는 지명은 나무로 둘러싸인 골짜기라는 라틴어 '쌀투스'에서 파생되었다. 비잔틴 시대에는 '쌀토스 히에라티콘'으로 불렸고, 당시 주교좌가 있었다. 몽고의 침략으로 파괴되었다가 마물루크 왕조의 쑬탄 바이바르 1세(재위 1260~1277)가 다시 건설하였다. 하지만 1830년대 초기에 이집트인(viceroy) 이브라힘 파샤(Ibrahim Pasha)의 팔레스타인 원정 기간에 다시 파괴되었다. 지금은 요새가 있었다는 흔적만 겨우 남아 있다.

제1차 세계대전이 끝나고 1920년 8월, 팔레스타인과 트랜스 요르단을 담당하던 영국 고등 판무관 허버트 사무엘 경(Sir Herbert Samuel)이 트랜스 요르단 쉐이크에게 영국이 이곳에 자치 정부 수립을 원한다고 발표하였다. 건포도와 올리브, 곡물 생산지로도 유명하다. 1966년에는 제약공장이 건설되었다.

쌀트 고고학 박물관

차 댈 틈도 없는 아주 복잡한 시내 중심가에 자리하고 있다. 후쎄인 국왕의 부인 알리아 여왕의 할아버지가 살던 저택을 박물관으로 개조한 것이다. 1층에는 철기 시대부터 이슬람 시대에 이르는 도기, 유리 그릇, 장신구, 동전 등이 전시되어 있으며, 2층에는 이 지역 사람들의 전통적인 일상을 전시물로 소개해 놓았다.

전시물은 대부분 쌀트 주변 지역과 요르단 골짜기 주변에서 나온 것들이다. 규모는 작지만 쌀트를 방문했다면 둘러볼 만하다.

갓 골짜기 와디 슈와이브

쌀트에서 후쎄인 왕 다리로 이어지는 골짜기가 와디 슈와이브(슈와이브 골짜기)다. 슈와이브는 모세의 장인 이드로를 가리킨다. 슈와이브 골짜기 길을 따라 내려가다 보면 깔끔하게 잘 지어진 이슬람 사원이 눈에 들어오는데, 바로 슈와이브 기념 이슬람 사원이다.

그러나 성경에는 이드로의 죽음에 대한 명확한 언급이 없다. 다만 모세의 요구에 따라 자신의 자녀들을 전부 모세에게 딸려 보냈다. 이

TIP 한 여행자가 사해(Salt Sea)에 가고자 했다. 'Salt'라는 버스 표지판을 보고 반가워하며 버스에 올라탔다. 드디어 출발! 조금 있으면 도착하겠지 했는데 계속 산 언덕으로만 올라갔다. 종점이라고 하여 차에서 내려 보니 산동네(?)에 와 있었다. 도착한 장소는 쌀트(Salt)였다.

드로의 자녀들은 모두 미디안 족속으로, 겐 족속이라고도 했다. 그들은 대장장이 직업을 계속하면서 요단강 동편에 있는 반 지파가 분배받은 땅 한복판에 자리한 갓 지파 땅, 그리고 그 중심지 쌀트 지역에서 살았을 것으로 보인다.

성경 사무엘하 24장 5절(요단을 건너 갓 골짜기 가운데 성읍 아로엘 우편 곧 야셀 맞은편에 이르러 장막을 치고)에 보면, 와디 슈와이브를 갓 골짜기라고 부른다. 이곳이 바로 길르앗 지방이 시작되는 부분인 것이다. 한편, 갓 골짜기 남쪽부터 아르논강(골짜기)까지 이르는 땅은 르우벤 지파의 몫이었다. 다른 두 지파의 땅을 구분짓는 경계선 역할을 했던 것이다. 이처럼 그 시대의 국경이나 경계는 주요 강이나 골짜기들이었다. 또한 앞서 보았듯이 에돔과 모압의 경계는 세렛강이었고, 모압과 아모리의 경계는 아르논강, 갓 지파와 므낫세 반 지파의 경계는 얍복강이었다.

갓 골짜기.

위 니므림 물 <small>와디 니므린</small>

"니므림 물이 마르고 풀이 시들었으며 연한 풀이 말라 청청한 것이 없음이로다"(사 15:6). 이 본문에 등장하는 니므림(Nimrim) 물은 갓 골짜기 하류로, 쌀트에서 시작된 와디 슈와이브(갓 골짜기) 개울 물이 흘러내려온 것이다. 니므림 물 하류 지역에는 도시 니므라가 있었다. 같은 골짜기임에도 위치에 따라 이름이 다른데, 와디 슈와이브가 하류에 도착해서는 와디 니므린으로 불린다.

벧니므라 <small>텔 빌레이빌</small>

텔 니므린 마을 동쪽 1km 지점에 텔 빌레이빌(Tell Bileibil)이 있다. 그리스와 탈무드 등의 자료에는 이 지역이 '벧나마리스, 니므린, 니므리' 라는 이름으로 기록되어 있다.

〔갓 자손은〕 벧니므라와 벧하란들의 견고한 성읍을 건축하였고 또 양을 위하여 우리를 지었으며(민 32:36).

〔갓 지파의 땅은〕 골짜기에 있는 벧 하람과 벧니므라와 숙곳과 사본 곧 헤스본 왕 시혼의 나라의 남은 땅 요단과 그 강가에서부터 요단 동편 긴네렛 바다의 끝까지라(수 13:27).

니므라 텔 니므린; 텔 남슈네

와디 니므린을 따라 이어지는 지역이 텔 니므린이다. 해발 −185m 로, 이 지역에서는 4,000여 년 이상 농경문화가 이어 오고 있다.

니므라(텔 니므린).

갓 골짜기를 따라 흘러 내려온 니므림 물이 댐에 고여 있다.

남 길르앗 미스베 텔 핫자즈

성경에서는 수베이하의 텔 핫자즈 지역을 남 길르앗 미스베로 언급한다. 미스베는 사사 입다의 고향이며, 입다는 한때 아래 길르앗 주민들의 미움을 받아 위 길르앗 동북 지역 돕 땅에 이주해 살기도 했다. 암몬 왕의 군대와 맞서 싸운 입다는 이곳과 암몬 군대가 진을 친 길르앗(잘아드) 사이 주변 지역에서 격돌했다.

사사 입다 당시 암몬 왕이 말한 영유권 주장을 보면 문제가 되고 있는 지역이 얍복강 이남의 아래 길르앗 지역임을 알 수 있다.

아르논에서부터 얍복까지와 광야에서부터 요단까지 아모리 사람의 온 지경을 취하였었느니라 …… 이스라엘이 헤스본과 그 향촌들과 아로엘과 그 향촌들과 아르논 연안에 있는 모든 성읍에 거한 지 삼백 년이어늘 그동안에 너희가 어찌하여 도로 찾지 아니하였느냐 …… 이에 여호와의 신이 입다에게 임하시니 입다가 길르앗과 므낫세를 지나서 길르앗 미스베에 이르고 길르앗 미스베에서부터 암몬 자손에게로 나아갈 때에 …… 아로엘에서부터 민닛에 이르기까지 이십 성읍을 치고 또 아벨 그라밈까지 크게 도륙하니 이에 암몬 자손이 이스라엘 자손 앞에 항복하였더라 …… 이에 입다가 그 형제를 피하여 돕 땅에 거하매 잡류가 그에게로 모여와서 그와 함께 출입하였더라 …… 입다가 미스바에 돌아와 자기 집에 이를 때에 그 딸이 소고를 잡고 춤추며 나와서 영접하니 이는 그의 무남독녀라 (삿 10:22-11:34).

길르앗 미스베 지역.

🔍 사사 입다는 아래 길르앗 미스바 출신이다. 그는 기생으로 소개된 어머니와 길르앗 사이에 태어난 이른바 서자였다. 형제들의 미움을 받아 한동안 길르앗 지방 북동에 위치한 돕 지역에 살았다. 사사로 부름 받아 활동한 시기는 BC 1104~1086년 사이로 보인다. 암몬 왕국 군대와의 전투에서 승리하고 그가 미스바의 고향 집에 갔을 때 그의 딸이 환영하고 나온 것으로 보아 입다의 '돕' 땅으로의 도피는 그가 나이 들어서 이뤄진 것이다.

사사 입다의 슬픈 노래

길르앗 지방의 수베이하(길르앗 미스베)에 들어서면 사사 입다의 슬픈
노래가 생각난다. 사사 입다는 안팎으로 전쟁을 치러야 했다. 요르단
북부 아래 길르앗 출신인 입다는 암몬 사람들과 더불어 얍복강 남쪽 암
만 북동 지역을 중심으로 전쟁을 벌였다. 암몬 왕국의 수도권 주변 도
시들이 차례로 점령당하자 암몬 왕국은 길르앗 거주 이스라엘 자손들
에 대한 압박을 중단하였다.

하지만 승리의 기쁨 뒤로 고통이 찾아왔다. 암몬의 왕은 대군을 이끌고
이스라엘을 공격했다. 당황한 이스라엘은 입다를 지도자로 세우고 암
몬에 대항했다. 암몬이 힘겨운 상대라는 것을 알고 있던 입다는 전쟁터
로 나가면서 하나님께 서원했다. "암몬과 싸워 승리하게 해 주신다면
제가 개선할 때 저희 집에서 제일 먼저 문밖에 나와 영접하는 자를 하
나님께 제물로 바치겠습니다." 암몬과 치열한 전투 끝에 입다는 승리를
거두었고, 그는 개선장군으로 돌아왔다. 그런데 이때 입다의 무남독녀
가 제일 먼저 문밖으로 나와 그를 영접했다. 입다는 망연자실했으나 하
나님께 드린 서원을 어길 수 없었다. 그의 딸은 희생제물이 되었고, 그
뒤로 이스라엘 여자들은 입다의 딸을 위해 일 년에 나흘씩 슬피 우는
애달픈 풍습이 생겼다.

여기에 엎친 데 덮친 격으로 또 다른 고통이 찾아왔다. 암몬의 압박이
라는 외환을 물리치고 딸에게 고통을 안긴 사사 입다에게 또 다른 종족
분규의 위협이 닥친 것이다. 사사 입다의 위세에 두려움과 시기심을 가
진 에브라임 사람들이 아담 읍 나루를 건너 얍복강 북쪽 사본에 모이자
입다의 군대가 출동하여 이들을 격퇴하였다. 이들 주변 지역은 해발
−200m 안팎의 요단 평지와 낮은 구릉 산지로 이루어진 곳이다. 이곳에
서 에브라임 사람 가운데 많은 이들이 죽임을 당했다. 에브라임 지파의
거주지인 에브라임 산지가 요단강 서편 예루살렘 북쪽 지역에 이어지는
데, 요단강 동편에서 '에브라임'이라고 붙은 지명은 이상스럽다.

에브라임 수풀 지역은 입다와의 갈등 끝에 에브라임 지파가 섬멸되었던 것에서 이름이 붙여졌다. 에브라임 지파 이름을 붙인 것은 아마도 길르앗 사람들이 에브라임 지파를 비웃기 위해서인 것 같다. Jordan

아래 길르앗 잘아드

암몬 왕 나하스가 이끄는 군대와 사사 입다가 지휘하는 이스라엘 백성이 싸운 곳이다. 암만 왕국의 수도 랍바 암몬 성에서 길르앗 산지로 이동하는 데 가장 효과적인 지름길이 바로 이 지역을 지난다.

> 그때에 암몬 자손이 모여서 길르앗에 진 쳤으므로 이스라엘 자손도 모여서 미스바에 진 치고(삿 10:17).

사사 입다의 전투 현장과 진격 루트 　　　　암몬과 이스라엘 자손은 길르앗과 길르앗 미스베에 각각 진을 치고 있다가 사사 입다 군이 선제 공격하면서 전투가 시작되었다. 그런데 진격 루트나 점령 도시를 보면, 랍바 암몬 성 중심부가 아닌 주변 지역에 제한되어 있다.

> 아로엘에서부터 민닛에 이르기까지 이십 성읍을 치고 또 아벨 그라밈까지 크게 도륙하니 이에 암몬 자손이 이스라엘 자손 앞에 항복하였더라(삿 11:33).

위_ 아래 길르앗의 비잔틴 교회 유적.
아래_ 아래 길르앗에서 바라다본 길르앗 풍경.

우슬초와 합환채

▌우슬초: 우슬초는 정결 의식과 관련 있다. 아랍인들은 우슬초를 양념으로 사용하거나 박하처럼 차에 띄워 먹기도 한다. 위를 시원하게 해 주므로 소화불량에 좋고, 감기에도 효과가 있다. 유목민들은 우슬초 뭉치를 이용하여 기름기 있는 그릇을 닦거나 손을 닦는 비누 대용으로도 사용한다. 비누를 뜻하는 영어 'soap'도 우슬초를 뜻하는 그리스어 '히숍'에서 나왔다. 또한 향이 잔잔해 향수로도 쓰인다. 아랍 전통에 따르면 악귀를 몰아내 주는 효험도 있다고 한다.

하나님은 이 우슬초를 사용하시면서 우슬초 자체가 정결케 하거나 악한 힘을 몰아내 주는 것이 아니라, 바로 하나님 자신이 우슬초 이상으로 정결케 하고 죄를 깨끗하게 하시는 치료자이심을 보여 주셨다. 우슬초는 하나님의 정결함을 가르치기 위한 좋은 시청각 재료였던 것이다.

> 너희는 우슬초 묶음을 취하여 그릇에 담은 피에 적시어서 그 피를 문 인방과 좌우 설주에 뿌리고 아침까지 한 사람도 자기 집 문밖에 나가지 말라 (출 12:22).
>
> 그는 그 집을 정결케 하기 위하여 새 두 마리와 백향목과 홍색실과 우슬초를 취하고(레 14:49).

▌합환채: 민간 요법에서는 합환채가 잉태의 능력을 돕는다고 믿는다. 봄철 보리밭에 많이 나는데, 뿌리가 마치 남성과 여성 모양을 하고 있다. 뿌리보다는 합환채 꽃이 지고 난 다음에 맺히는 노란 열매를 먹었다.

> 맥추 때에 르우벤이 나가서 들에서 합환채를 얻어 어미 레아에게 드렸더니 라헬이 레아에게 이르되 형의 아들의 합환채를 청구하노라 레아가 그에게 이르되 네가 내 남편을 빼앗은 것이 작은 일이냐 그런데 네가 내 아들의 합

환채도 빼앗고자 하느냐 라헬이 가로되 그러면 형의 아들의 합환채 대신에 오늘 밤에 내 남편이 형과 동침하리라 하니라 하며 이르되 내게로 들어오라 내가 내 아들의 합환채로 당신을 샀노라 그 밤에 야곱이 그와 동침하였더라(창 30:14-16). Jordan

우슬초와 합환채.
우슬초는 위장과 정력에 좋고, 합환채는 임신에 도움이 된다고 생각했다.

갈릴리 호수 가다라 시리아 이라크
지중해 요단강 거리사
암만
사해
이스라엘
사우디아라비아
이집트
홍해

고대 거라사 유적이 살아 숨쉬는
데가볼리 지경

데가볼리는 로마가 이 지역을 점령한 BC 63년 이후에 형성되었다. 몇몇 도시들이 새로이 건설되고 10개 도시가 하나의 연맹체를 구성하였는데, 이것을 데카폴리스 연맹(데가볼리 지경)이라 하였다. 데가볼리의 경계는 갈릴리 호수 남동쪽을 중심으로 이루어졌다. 이 도시들이 남쪽으로 베레아와 빌립의 영토와 경계를 이루었으며, 요단강 서편 스키토폴리스(벳산)는 지중해를 상하로 잇는 해변길의 교통로였다.

데가볼리는 신약성경(마 4:25; 막 5:20)에 처음 등장하며, 첫 수도는 '가다라' 그 다음 수도는 '다마스커스'였다. 신약성경에서는 북부 요르단 지역을 총칭하는 말로 사용되었다(마 4:25). 요르단에는 최소 다섯 개에서 일곱 개 정도의 데가볼리 도시가 존재하는 셈이다. 요세푸스의 기록(War iii, 446)에 의하면 스키토폴리스가 가장 큰 도시였으며, 다마스커스는 당시에 데가볼리에 속한 도시가 아니었다.

도시 연맹은 경제적으로 서로 도우며, 인근 민족들의 공격을 공동으로 방어했다. 여러 개의 작은 마을이나 도시를 포괄하고 있던 열 개 도시는 각각 자치력을 가지고 있었다. 시리아의 로마 총독(통치자)에게 복종하긴 하였으나, 그리 많은 영향을 받지는 않았다. 또한 각각의 도시가 역사적인 변화를 겪으면서도 연맹의 존립 자체에는 별다른 영향을 주지 않았다. 이 연맹체는 2세기까지 존재하면서 풍부한 헬레니즘 문명을 만들어 냈다.

219

히포스와 가다라는 아우구스투스가 헤롯에게 선물로 주었고, 아빌라는 아그립바 2세에 속하였다. 필라델피아와 디움은 AD 106년에 아라비아 주에 편입되었다. 후에 거라사는 연맹이 해체된 것으로 보인다. 이렇듯 도시 연맹의 소속 도시가 항구적이었던 것은 아니다.

제라쉬(거라사) 지역은 유적지 발굴 작업이 한창인 유적지 지역과 신도시 제라쉬 지역으로 나뉜다. 그 중간에 얍복강까지 이어지는 크리스로아스강이 있는데, 제라쉬강이라고도 부른다. 거라사는 이 강을 사이에 두고 동서로 확장되어 번성했던 도시다.

고대 제라쉬 유적지에는 20만 평이 넘는 넓은 언덕에 웅장한 석조 건물들이 늘어서 있는데, 대충 훑어 보는 데도 2시간이 넘게 걸린다. 지금 남아 있는 일부 유적만으로도 찬란했던 과거의 영광이 느껴진다. 1세기에 완성된 것으로 보이는 성벽은 둘레가 4.5km, 두께 2~3.5m이며, 모두 24개에 이르는 망대를 곳곳에 세워 두고 경계를 펼쳤다. 오늘날은 유적지 북쪽 외곽 지역과 신도시 지역 외곽에 성벽 일부가 남아 있다.

1806년에 발굴을 시작하여 지금도 작업이 진행 중이다. 대부분이 모래 밑에 묻혀 있었던 까닭에 보존 상태가 좋은 편이다. 규모를 미루어 보건대, 번성기에는 약 1만 8천 명의 주민이 살았을 것으로 보인다.

BC 70년대, 제라쉬에서는 전형적인 로마식 도시로 전환하는 대규모 도시 계획이 진행되었다. 오늘날의 제라쉬 유적은 대부분 이 시기 이후에 건설된 것들로, 제라쉬는 현존하는 로마 시대 대표적 도시로 인정받고 있다. 제라쉬를 바로 아는 것은 전형적인 로마 도시를 이해하는 지름길인 것이다.

단, 지금 발굴되어 있는 대부분의 유적은 AD 2세기 초반의 것이다. 예수님 당시 제라쉬 유적은 지금 볼 수 있는 유적보다 훨씬 규모가 작았고, 도시 면적 또한 매우 좁았다.

또 다른 거라사는 갈릴리 호수 동부 해안 방향에 있는 수시타 (Sussita)와 벳세다 사이에 있다. 유대 문헌에는 쿠르시로 나온다.

> 예수께서 바다 건너편 거라사인의 지방에 이르러(막 5:1).
> 거라사인의 땅 근방 모든 백성이 크게 두려워하여 떠나가시기를 구하더라 예수께서 배에 올라 돌아가실새(눅 8:37).

하드리아누스 개선문

하드리아누스 개선문 앞에 서면 제라쉬 지역에 들어섰다는 게 실감난다. 하드리아누스는 당시 요르단과 시리아, 레바논 등지의 점령지를 순방하였는데, 이 개선문은 AD 129~130년, 하드리아누스 황제의 제라쉬 방문을 기념하여 세웠다. 하드리아누스 개선문은 제라

아데미 신전. 그 뒤로 제라쉬 주변 산지가 둘러싸여 있다.

쉬 도시 확장 계획의 남쪽 경계(남문)였다. 이곳에서 제라쉬 성까지
약 500m에 이르는 길이 포장되어 있다.

대형 경마장

　제라쉬 마차 경주장(경마장)은 길이 245m, 폭 52m로, 최대 1만 5
천여 명 정도 수용할 수 있다. 요르단과 시리아, 이스라엘 지역의 데
가볼리 도시에서 마차 경주장 시설이 마련되어 있는 도시는 제라쉬
와 시리아의 보스라 정도였다. 2세기 중엽에서 3세기 초에 세워진
것으로 보이며, 제라쉬 최대 번성기 때의 주민 수가 1만 8천 명 정도
였는데, 그 가운데 1만 5천 명을 수용했으니 경마장만 봐도 제라쉬
의 부의 수준을 알 수 있다. 데가볼리 '거라사인의 땅'으로 불린 사연
을 충분히 짐작하고도 남을 만하다. 제라쉬가 한동안 데가볼리의 수
도 역할을 톡톡히 했기 때문이다.

남문(南門)

　고대 제라쉬는 동, 서, 남과 북쪽에 각각 하나씩 모두 네 개의 큰
성문을 가지고 있었다. 지금은 남문과 북문 두 개만 남아 있고, 다른
두 문의 자취는 찾을 길이 없다. 남문은 성 밖 하드리아누스 개선문

로마식 동굴 무덤.

대형 경마장에서 바라본 제라쉬 전경.

에서부터 직선 도로로 연결되어 있고, 남문에서 북문까지는 중앙 광장을 통하면서 중앙대로(카르도)로 이어져 있다. 하드리아누스 개선문이 남문에서 500m나 떨어져 있는 것으로 보아 남문에서 하드리아누스 개선문까지의 지역을 도시로 확장하려는 계획이었던 것 같다.

남문은 하드리아누스 개선문과 같은 형식(하드리아누스 개선문보다는 시기적으로 앞선다)으로, 비교적 잘 보존되어 있다. 남문 입구 왼쪽에 자리한 휴게소 주변에도 유적들이 많다. 휴게소 바로 오른쪽에 전형적인 로마식 동굴 무덤과 함께 다양한 형식의 로마식 무덤들이 늘어서 있다.

남문 안으로 들어서자마자 왼쪽으로는 AD 3세기경의 것으로 보이는 작은 상점터가 있고, 올리브를 짜던 압축기가 놓여 있다. 그 옆으로는 제라쉬 유적 발굴 현장에서 나온 각종 기둥이나 조각 양식을 모아 놓은 실내 전시실이 있다.

북문은 제라쉬 유적지 북쪽 언저리에 자리하고 있다. 북쪽 사거리에서 북문까지 200m 정도의 카르도가 이어지는데, 트라얀 황제 재위 기간인 AD 115년에 세워졌다.

석주 대로

제라쉬의 중심부는 석주가 늘어선 1.5km에 이르는 중앙대로로 이

북문.

어지며, '열주 대로' 또는 '석주 대로'라고 부른다. 대로 양편에는 마치 서울의 종로처럼 상점들이 죽 늘어서 있었는데, 부와 권력이 뒷받침되어야 이곳에 상점을 소유할 수 있었다. 대로는 남쪽과 북쪽에 각각 사거리 광장을 갖추고 있다.

마차 바퀴 자국이 선명한 중앙대로를 거닐다가 잠시 멈춰 서서 당시의 마차 바퀴 소리를 생각해 보는 것도 흥미로울 것이다. 대로를 장식하고 있는 보도 지하에는 하수도 시설이 완벽하게 갖춰져 있다. 현재의 도로는 AD 170년경에 만들어진 것으로 보인다. 길이 울퉁불퉁한 것은 지진 때문이다.

타원형 광장

거대한 돌기둥으로 둘러싸인 타원형 광장의 균형 잡힌 건축미가 매우 인상적이다. 기둥머리(柱頭)는 정교한 이오니아 양식을 자랑한다. 광장 규모는 90×80m 정도며, 광장 한복판에 두 개의 제단이 자리했다. 이 광장을 통해서 1.5km의 카르도가 남과 북을 연결해 주고 있다. 당시에 사용하던 도기로 만들어진 수도관이 주변에서 발견되었다.

오늘날도 이 광장에서 가끔씩 공연을 하는데, 특별히 제라쉬 축제 때는 주집회 장소로 쓰인다. 광장 중앙 한복판에 있는 로마식 기둥으 **225**

석주 대로.

로 보이는 건축물은 최근에 제라쉬 축제 분위기를 돋우기 위하여 세운 모형물이다.

야외 원형극장

야외 원형극장은 로마식 대도시라면 반드시 갖추어야 할 요건이다. 제라쉬에는 규모가 큰 야외 원형극장이 남쪽과 북쪽에 하나씩 있다.

제라쉬 유적지에 들어서서 오른쪽에 제우스 신전을 끼고 바로 올라가면 남쪽 원형극장이 나온다. AD 90~92년 도미티안 황제 재위 중에 만들어졌으며, 3천 석 규모의 극장으로 보존 상태도 훌륭하다. 극장 바닥 앞쪽에 울림판(소리가 마이크 없이도 울리는 지점)이 있다. 공회와 같은 정치적인 집회는 물론 공공 집회 장소로 주로 사용되었다.

무대를 기준으로 오른쪽 관객석 주변에는 그리스어로 된 당시 기록들이 남아 있다. 중앙 관객석 1층은 지정석으로 활용되었다. 극장 맨 위로 올라가면 제라쉬 주변 지역을 한눈에 볼 수 있다. 이 원형극장은 관객들이 쉽게 빠져나갈 수 있도록 2층 곳곳에 출입구를 마련해 놓았다.

북쪽 극장은 카르도가 끝나는 북쪽 언덕에 자리하고 있으며, 남쪽 극장에 비해 규모가 작다. 165년경에 완성되었으며 235년에 확장했

타원형 광장과 열주로.

다. 남쪽 극장과 달리 주로 연극 등 공연을 위해 사용한 것으로 보인다. 객석은 모두 14줄로, 초기 수용 인원은 800명 정도였으나 증축 뒤에는 최대 2천여 명까지 수용이 가능했다. 북쪽 극장 맨 위에서 바라다보는 제라쉬 풍경은 아주 인상적이다. 특별히 북문 너머로 이어지는 제라쉬 주변 산자락과 제라쉬 유적을 전망하기에 더없이 좋은 장소다.

 제라쉬 축제
해마다 7월 하순부터 8월 초순에 걸쳐 열린다. 1980년 야르묵 대학의 행사로 시작된 것이 어느새 요르단의 주요 연중 문화 행사로 자리 잡았다. 국내·해외 팀이 함께 참여하여 연극, 무용, 음악과 노래 공연을 하며 공예품 전시 등 볼거리가 다양하다.

신전들

　로마식 도시의 특성은 신전이 많아야 한다는 것이다. 로마 제국 자체가 다양한 신들의 나라였기 때문이다. 데가볼리도 예외가 아니었다. 제라쉬 도시 곳곳에 제우스 신전, 술과 포도주의 신 디오니소스를 위한 신전, 제라쉬의 수호 여신 아르테미스를 위한 거대한 신전들이 건축되었고, 지금도 잘 보존되어 있다. 신의 서열로 친다면 으뜸 신인 제우스 신전이 가장 커야 할 것이나 풍요의 여신 아르테미스 신전이 크기나 쓰임새 면에서 가장 크다.

제우스 신전

제라쉬 남문으로 들어서서 왼쪽 언덕 위에 자리하고 있다. AD 162~166년 사이에 지어진 것으로, 헬레니즘 이전 양식이 일부 담겨 있다. 이곳에 제우스 신전이 세워지기 전에 다른 형태의 신전과 제단이 있었음을 알 수 있다. 제우스 신전 언덕에 15m 높이의 고린트 양식 기둥들이 세워져 있는데, 매우 인상적이다.

　남쪽 극장 바로 왼쪽 언덕에 신전 성소가 있었다. BC 80년 이전 것으로, AD 70년경 제우스 신전의 부속 시설이 되었다. 계단 길 아래 성소 마당에도 제우스를 위한 제단이 있었다. 복원 작업이 계속 진행 중이다.

대성당과 님프 여신전.

아르테미스 신전　　　　　　　제라쉬 신전의 문화의 상징으로 AD 150~170년 사이에 지어졌다. 열두 개의 기둥으로 지탱되던 이 신전의 성소 부분은 현재 11개가 복원되어 있다. 성소 바닥을 장식한 대리석과 벽면을 장식했을 화려했던 석상과 신상은 사라진 지 오래다.

로마 신화에 따르면 아르테미스는 제우스의 딸이자, 아폴로의 누이다. 아르테미스를 제라쉬의 수호 여신으로 숭배하였기에 신전 규모가 가히 상상을 초월할 정도다. 신전 구역의 정밀함 역시 눈길을 끈다.

바람이 불면 아르테미스 신전 성소의 큰 돌기둥들이 바람에 나부끼는 듯한 묘한 착시를 느끼곤 하는데, 적지 않은 방문자들이 그 장면을 보려고 이곳을 찾는다.

성경에서는 아르테미스 여신을 아데미 여신으로 적고 있으며, 특별히 에베소 지역의 아데미 여신 숭배는 극성스러웠다.

님프 여신전　　　　　　　AD 191년에 만들어진 공동 샘터로 물의 여신 님프 여신전과 결합되어 있다. 로마 도시에서 샘은 도시 한복판에 자리하고 있었다. 잘 새겨진 사자의 입에서 샘물이 터져 나오도록 고안되어 있다.

북쪽 극장과 서부 목욕탕.

공중 목욕탕

로마식 도시에서 빼놓을 수 없는 것이 공중 목욕탕이다. 물론 요즘 한국의 찜질방 문화에 비할 바 아니겠지만 그 시절에 로마 목욕탕 문화는 대단했다. 돌로 만든 로마식 목욕탕의 규모는 그 도시의 규모와 비례했는데, 제라쉬에는 한번에 1천 명을 수용할 수 있는 대규모 목욕탕이 두 개나 있었다.

이렇듯 거대한 규모의 목욕탕이 있었다는 것은 이 지역에 물이 풍부했다는 말이 된다. 목욕물로 허드렛물을 사용하지는 않았을 것이니 말이다.

서부 목욕탕

카르도를 따라 북쪽으로 올라가다가 북쪽 사거리가 나오기 전 오른쪽에 있다. 2세기경에 만들어

사우나탕의 온돌용으로 쓰인 돌.

진 것으로 규모가 70×50m에 이르며, 온탕과 냉탕을 즐길 수 있었다. 지진의 영향을 여러 차례 받았고, 747년 지진으로 완전히 파괴되어 버렸다. 복원 결과, 둥근 지붕과 건물 일부가 남아 있다.

동부 목욕탕 제라쉬 신도시 버스 정류장 지역에 있으며, 서부 목욕탕보다 규모가 컸다. 4개의 큰 욕실(종합관)로 구성되어 있는데, 가장 큰 것은 27×13m 정도, 그 다음이 18×9.5m 정도. 정확한 건축 연대나 자세한 규모 등에 대해서는 규명 작업이 진행 중이다.

주변에는 자그마한 상점들이 벽을 등지고 늘어서 있으며, 늘 수많은 사람들과 차량들이 만들어 내는 소음과 먼지를 뒤집어쓰면서 찾는 이도 없이 세월을 보내고 있다. 유적도 나라를 잘 만나야 하는 모양이다. 유적이 흔한 동네에서는 2천 년 가까이 된 로마 목욕탕도 천덕꾸러기니 말이다.

사우나탕 북문을 넘어 유적지 보호 구역 바깥에도 목욕탕이 있었다. 북문에서 1.2km 정도 떨어진 성스런 연못 왼쪽 언덕에는 야외 원형극장이 있고, 그 남쪽 유적지에서 사우나탕의 흔적이 발견되었다.

비잔틴 교회 내부. 성령을 형상화해 놓았다.

교회들

제라쉬 유적지 안에서 15개에 이르는 교회가 발굴되었는데, 대부분 대성당과 아르테미스 신전 사이에 자리한다.

교회 건축물은 로마 신전터 위에 그대로 세워지거나 일부를 재구성하여 사용한 형태다. 또 로마식 건축물에 늘 등장하는 열린 조개껍질 모양의 가로등(등불을 올려놓도록 만든 공간)이 성령이 비둘기처럼 내려온다는 성경의 상징을 이용하여 비둘기 형상과 성령의 상징으로 재활용되고 있다.

대성당

님페움 오른쪽에 잘 보존된 넓은 돌계단 길은 대성당으로 가는 길목이다. 이 계단과 현관문은 2세기경 디오니소스 신전 건물로 지어진 것이다. 물론 로마식 건축물 이전에는 나타트인들의 두샤라(Dhushara) 신전이 있었다.

대성당은 제라쉬에서 발굴된 교회 가운데 가장 오래되었으며, 365년경에 지어진 것으로 보고 있다.

성 데오도르 교회

대성당을 지나 위로 올라가면 샘 광장이 나오고, 광장 남서쪽 계단을 따라 올라가면 성 데오도르 교회가 있다. 496년에 지어진 것으로 독립된 교회 건물이 아니라 대성당의 부속 예배당이었다.

세 개의 교회

북쪽 극장 바로 왼쪽에 자리한 교회터에는 세 개의 예배실이 붙어 있는 교회 유적지가 있다. 겉으로 보기에는 하나의 예배당으로 보이지만 각각이 하나의 교회였다. 예배당 왼쪽부터 코스마스와 다미아누스 교회(533년), 세례 요한 교회(531년), 성 조지 교회(530년)다.

세 교회 가운데 대표적이고 규모가 큰 교회는 코스마스와 다미아누스 교회다. 의사였던 쌍둥이 형제를 기념하여 세워진 교회로, 화려하고 아름다운 모자이크 장식으로 유명했다. 많은 부분이 암만의 원

위_ 코스마스와 다미아누스 교회.
아래_ 성 조지 교회.

형극장 내 민속 박물관에 옮겨져 전시 중인데, 그 외에 현장에 남아 있는 일부 모자이크만으로도 그 아름다움을 느낄 수 있다.

이사야 주교 교회

북쪽 극장 서쪽에 자리 잡고 있다. 559년경에 세워진 것으로 교회 예배실 바닥에 장식된 아름다운 모자이크가 유명하다. 1982년에 발굴되었지만 방문자들이 볼 수 있는 것은 그냥 흙바닥뿐이다. 모자이크를 보존하기 위하여 다시 흙으로 덮어 두었기 때문이다.

이외에도 베드로 바울 기념교회, 회당 교회, 게네시우스 주교 교회, 신전 입구(propylaeum) 교회, 영안실(mortuary) 교회 등이 남아 있다.

비잔틴 교회 모자이크들

비잔틴 교회 문명의 기본은 모자이크다. 바닥은 당연히 모자이크 처리되었고, 심지어 벽면조차 모자이크로 장식된 경우도 있다. 많이 훼손되고 파괴되었음에도 불구하고 지금 남아 있는 모자이크만으로도 당시의 화려함을 느낄 수 있다.

제라쉬 박물관

규모는 작지만 제라쉬에도 박물관이 있다. 카르도 진입로 오른쪽 언덕에 있으며, 제라쉬 유적지 발굴 현장에서 나온 일부 유물을 전시하고 있다. 제라쉬 모형도가 있어 제라쉬의 전체적인 규모와 특징을 짐작할 수 있다. 제라쉬의 시대별 유적과 문명과 문화 유산에 대하여 간략하게 정리할 수 있는 공간이다. 사실 유적지 발굴 과정에서 나온 유물들은 유적지 어디에서도 볼 수 없다. 전시물 가운데 남쪽 극장의 공연 입장료로 사용하던 돌 티켓이 가장 인상적이다.

축제의 극장과 두 성지(聖池)

유적지 보호 구역 바깥에 자리한 유적 가운데 가장 대표적인 유적이다. 북문에서부터 1.5km 정도 떨어진 찻길 왼쪽 기슭에 자리하고 있다. 언덕에는 원형극장과 목욕탕터 등이 발굴되어 있고, 아래 평지에는 연못이 있다.

이 연못에서 제라쉬 도시 구역에 있는 신전에 바칠 희생제물을 씻었고, 제사드리는 이들이 심신을 정결하게 했다. 축제가 시작되는 장소였던 것이다. 로마식 제사에서 희생제물의 각을 뜨고 내장을 걸러내는 일은 신전 제단 바깥에서 해야 했다. 성전 안에서 모든 것을 치렀던 성경의 제사와 구별되는 점이다. 로마 제사는 장소에 차별을 둠으로써 거룩을 강조했다면, 성경의 제사는 제물을 받으시는 하나님의 거룩하심으로 거룩함이 발생한다고 강조한다.

로마 제국 이후에도 축제는 지역 축제로 성대하게 진행된 것으로 보인다. 4세기 이후에 기록된 문헌에도 해마다 마이우마 축제가 이곳에서 열렸다고 적혀 있다.

연못은 두 개가 붙어 있다. 전체 크기는 88.5×43.5m 정도로, AD 2세기 말에서 3세기 초에 만든 것으로 추정한다. 언덕에 있는 극장은 천여 명을 수용할 수 있는 큰 규모였다. 무대는 25.8×4.6m 크기로 객석과의 간격이 12m였다. 이곳에서 북쪽으로 약 100m 정도 올라가면 로마식 기둥이 서 있는데, AD 2세기 중반에 만들어진 게르마누스 무덤의 일부분이다. 기록에 의하면 제라쉬의 제우스 신전 복원 공사에 거금을 투자한 사람이라고 한다. 하드리아누스 황제 개선문에서 이곳까지는 대략 4km 정도 된다.

제라쉬 박물관.

세례 요한 교회.

이르비드 북서쪽 15km 지점에 아빌라가 있다. 유적지 명칭은, 꾸웨일바 아빌라이다. 데가볼리의 한 도시였던 아빌라 유적지이며, 고대에는 벧 아벨, 신약에는 아빌레네 지역으로 기록되어 있다. 물이 풍부하고 농경지가 매우 비옥하다. 고도 440m 안팎의 드넓은 고원 평야로, 연중 강수량이 350~450mm에 이른다.

유적지는 두 개의 언덕으로 이루어져 있다. 북쪽 언덕이 텔 아빌라(또는 텔 아빌), 남쪽 언덕이 움므 엘 아마드(Khirbet Umm el Amad: 기둥들의 어머니 유적지)이다. 남북 길이가 1.5km 정도, 폭이 0.5km 정도다. 유적지 북동쪽에 두 개의 언덕을 연결하던 다리와 도로의 흔적이 남

아 있다.

　로마와 비잔틴 시대를 이어 가면서 알렉산더 대왕이나 BC 218년 셀류시드 3세 때 10대 도시(데카폴리스) 가운데 하나가 되었다.

　로마식 다층식 건물과 저수조, 로마식의 무덤 몇 구와 폐허화된 장소들이 있다. 남쪽 언저리에 아크로폴리스 벽의 일부가 있고, 북쪽으로 비잔틴 교회의 터가 있으며, 그 경사지에 5m 높이의 성벽이 있다. 움므 엘아마드의 북쪽 경사지에는 고대 극장과 길이 41m, 폭 20m 정도 되는 큰 비잔틴 교회, 또 신전터와 세 개의 수로터가 있다.

　교회사의 아버지라 불리는 유세비우스는 그의 책에서 '가다라 동쪽 12miles'라고 언급하고 있다. 플리니는 이곳을 데가볼리에 포함시키지 않았지만, 시리아의 팔미라 유적지 근처에서 발굴된 하드리아누스 황제 시기 비문에는 이곳을 명확하게 데가볼리에 포함하고 있다. 이곳에서 발견된 BC 64년 폼페이 황제 시대 동전은 아빌라가 상당히 중요한 도시였음을 보여 준다. 안티오쿠스 3세가 프톨레미 왕조에게서 이곳을 빼앗았고, 알렉산더 얀네우스가 이곳을 정복하였다.

아빌레네 비잔틴 교회터.

뒤이어 폼페이에 정복되었으나 독립이 허용되었다. 이 도시에서 사용된 카라칼라 황제(211~217년 재위) 시기의 동전은 셀루시애 아빌라(Seleuciae Abila)를 드러내고 있다.

> 요압이 이스라엘 모든 지파 가운데 두루 행하여 아벨과 벧마아가와 베림 온 땅에 이르니 그 무리도 다 모여 저를 따르더라 이에 저희가 벧마아가 아벨로 가서 세바를 에우고 그 성읍을 향하여 해자 언덕 위에 토성을 쌓고 요압과 함께한 모든 백성이 성벽을 쳐서 헐고자 하더니(삼하 20:14-15).
> 벤하닷이 아사 왕의 말을 듣고 그 군대 장관들을 보내어 이스라엘 성들을 치되 이욘과 단과 아벨벧마아가와 긴네렛 온 땅과 납달리 온 땅을 쳤더니(왕상 15:20).

아빌레네.

이르비드와 움므 께이스를 연결하는 길에 있는 아랍인 마을로, 이르비드 북쪽 5km 지점에 있다. 초기 데카폴리스의 일원은 아니었지만 상당히 큰 규모의 도시로, 후에 데가볼리에 포함되었다. 이 지역에서 발견된 동전으로 미루어 볼 때 AD 98~99년, 트라얀 황제 시기에 데가볼리에 편입된 것으로 보인다. 로마의 식민지가 아닌 자치도시였던 것이다.

오늘날의 베이트 라스(Beit Ras)는 고대 유적지 위에 세워져 있다. 로마 시대의 건물에 사용되었던 많은 돌들이 지금 주민들의 집이나 건축물을 짓는 데 재활용되었다. 바위 동굴을 파서 만들었던 무덤들은 이제 물건을 집어넣는 창고로 사용하기도 하고, 관은 양이나 염소에게 물을 대 주는 물통으로 쓰기도 한다.

탈무드에는 이곳이 가축을 목양하는 목초지로 유명한 벳레샤(Beth-Resha)로 나온다. 라틴 비문에 따르면, 이곳 출신자들의 일부가 로마군으로 복무하였다. 비잔틴 시기에는 팔레스티나 세쿤다(Palestina Secunda)의 일부였다. 이곳의 주교가 니케아공의회(325)와 칼케돈공의회(451)에 참석하였다. 아랍 자료에는 이곳의 요새 이야기가 나오고, 포도원으로 유명한 마을 이야기도 적혀 있다.

198,348m²(약 6만 평)에 이르는 성벽과 이중 아치문, 잘 닦인 도로, 로마 시대 묘지와 교회, 사원터가 남아 있다. 원형극장과 2세기경의 로마 포럼(상가), 로마 무덤 지역, 저수지 등이 데가볼리 카피톨리아스(Capitolias) 방문자들의 시선을 끈다. 도시 유적을 통해 모라 시대뿐만 아니라 비잔틴 시대 이후에도 문명이 계속되었음을 알 수 있다. 인상적인 것은 도시 전체에 남아 있는 정교하게 축조된 저수지다. 남

아 있는 로마 시대 도로는 동쪽으로 카피톨리아스와 하우란 산지를 연결한다. 아직 본격적으로 발굴되지는 않았지만, 북서쪽으로는 가다라를 연결하였을 것으로 추정한다.

움므 께이스 방향이 아닌 베이트 라스 마을 외곽으로 벗어나 이어지는 도로를 따라 5분 정도 가면 로마, 비잔틴 시대에 세워진 교회 유적지가 나온다.

베이트 라스로 가려면 이르비드에서 움므 께이스로 가는 도로를 따라 이르비드를 벗어나야 한다. 이르비드 외곽으로 5분 정도 달리면 오른쪽에 베이트 라스 마을 표지판이 나온다. 이 표지판을 본 다음 나오는 갈림길에서 곧장 왼쪽으로 꺾어 마을 안으로 들어서면 된다. 갈림길이 나오더라도 곧장 주요 도로를 따라가면서 이 마을을 구경할 수 있다. 고대 저수지는 마을 입구에서 2분 정도 떨어진 곳에 있다. 이르비드에서 55번 지방도로를 따라 남쪽으로 내려가면 제라쉬(40km) 아즐룬(32km) 방면이고, 25번 도로를 따라가면 텔 엘후슨이 오른편에 나온다.

베이트 라스의 원형극장.

이르비드 시로 들어가기 직전에 있는 도시가 성경상의 디온, 즉 엘후슨(el Husn)이다. 엘후슨을 지나면서부터 고원 평야가 시작된다. 엘후슨에는 28m의 높지 않은 언덕에 위치한 텔(해발고도 660m)이 있다. 암만에서 이르비드로 간다면 엘후슨 마을이 끝나기 직전 왼쪽으로 이어지는 마름모꼴의 언덕을 어렵지 않게 발견할 수 있다.

텔 엘후슨의 초기 문명 흔적은 BC 3000년경의 초기 청동기 시대까지 거슬러 올라간다. 오늘날 발견되는 무덤과 기록물을 통해 이 지역을 로마와 비잔틴이 점령했음을 알 수 있다.

정상에 올라가면 바로 옆 엣사리 마을은 물론이고, 이르비드 시와 동쪽으로는 요르단 과학기술대학교와 알하싼 공단 등이 한눈에 들어온다. 그런데 곤혹스럽게도 이 유적지 언덕 위에 그리 오래되지 않은 이슬람 공동묘지가 자리하고 있다. 실제 로마 유적지는 이 텔 아래에 자리하고 있다. 공동묘지로 들어가는 계단 오른쪽 언덕에 있는 로마

디온.

기둥의 흔적이나 정상 부분의 일부 로마식 건축물의 잔해를 통해 과거를 회상하는 것은 그나마 위안이 될 것이다.

지역 주민들에 따르면 현재 공동묘지보다 더 낮은 지점에 높이 2m, 폭 1.4m가 넘는 지하 터널이 만들어져 있다고 한다. 물론 지금은 입구가 다 봉쇄되어 일반인들이 볼 수 없도록 해 놓았다.

엘후슨 유적지 언덕에서 암만 방향으로 마을을 바라보면 오스만 터키 시대의 건축물들이 재활용되어 지어진 집들이 곳곳에 있다.

디온 유적지 언덕 너머로 엘후슨 지역이 보인다.

갈릴리 호수가 내려다보이는 가다라

암만에서 152km 지점(2시간 거리), 시리아 접경 지역 이르비드에서 북서쪽으로 30km 지점(25분 거리)에 있는 움프 께이스는, 성경의 가다라(Gadara) 지방이다. 갈릴리 호수가 내려다보인다. 해발 475m 정도지만, 갈릴리 호수 주변의 해발고도가 약 −210m인 것을 감안하면 실제 680m가 넘는 높은 언덕에 해당한다.

> 또 예수께서 건너편 가다라 지방에 가시매 귀신 들린 자 둘이 무덤 사이에서 나와 예수를 만나니 저희는 심히 사나와 아무도 그 길로 지나갈 수 없을 만하더라(마 8:28).

위의 구절에 나오는 가다라 지방은 가다라 도시와 주변 지역을 총칭하는 것이었다. 본문의 '건너편'은 갈릴리 호수 서편만을 지칭하던 갈릴리 지방 건너편 지역으로, 갈릴리 호수 동편 지역과 골란 고원, 바산 지방이 이 지역 안에 들어온다. 그 가운데 가다라가 가장 대표적인 도시였기에 가다라 지방으로 일컫곤 했다.

가다라는 골란 고원(앗 자울란)과 헬몬산(자발 엣쉐이크)은 물론이고 갈릴리에서 사해 바다까지 바라다보이는 산지 평원에 위치한 도시로 헬라, 로마, 비잔틴 시대를 이어 가면서 끊임없이 발전하였다. BC 218년, 셀루시드 왕조의 안티오쿠스 3세가 이집트의 프톨레미에게서 빼앗았다. BC 2세기의 유명한 역사가 폴리비우스는 가다라를 이 지역에서 가장 강력한 도시로 언급하고 있고, BC 98년경에 알렉산더 얀네우스가 이곳을 정복하기 위하여 10개월 이상을 소요했다는 유대 역사가 요세푸스의 기록은 가다라가 얼마나 힘 있는 도시였는지 보여 준다.

BC 63년 폼페이우스 황제에 의하여 정복되었고, 데카폴리스의 일원이 되었다. 자체 동전을 사용할 정도의 자치권을 가지고 있었다. 안토니우스가 악티움 전투에서 패배한 이후 BC 30년 로마의 초대 황제 옥타비아누스는 이곳을 헤롯 왕에게 주었다. 하지만 주민들의 뜻은 달랐고, 많은 주민들이 헤롯에게 저항하였다(요세푸스). BC 4년 헤롯이 죽자 시리아에 합병되었다.

팍스 로마나 시대의 풍요는 이곳 가다라에도 영향을 주었고, 하맛 가데르(Hammat Gader, 오늘날의 엘헴마)라는 거대한 목욕탕을 남겨 주었다. 좋은 자연 조건을 갖추고 있어 원근 각지에서 목욕을 하기 위하여 방문하였고, 이를 반영하듯 극장에서 다양한 공연이 이루어지기도 하였다.

3세기에 이곳에 기독교가 유입되었고, 디오클레시아누스 황제 때의 박해로 순교자가 발생하기도 하였다. 4세기에는 이곳 출신의 주교가 생겼으며 니케아 공의회에 참가하였다.

움므 께이스 박물관

규모가 작으며, 이 지역에서 발굴된 유적을 전시하고 있다. 그 가운데 4세기경의 것으로 보이는 모자이크가 돋보인다.

가다라 원형극장.

635년 펠라(파홀)에서 비잔틴 제국이 이슬람 군대에게 패하면서(펠라 전투 또는 타바까트 파홀 전투로 불린다) 가다라는 이슬람 세계의 한 부분이 되었고, 메카 순례의 주요한 교통로가 되었다. 그렇지만 8세기에 일어난 지진과 9, 10세기에 전염병이 창궐하면서 가다라는 잊혀졌고, 12세기 이후로는 움므 께이스로 불렸다. 아랍 마을이 다시 조성되었지만 규모는 작았다. 1806년 고고학자 울리치 시츤(Ulrich Seetzen)이 이곳을 답사하고 가다라 지방 유적지임을 확인하였지만, 1970년대에 이를 때까지 그저 폐허에 불과하였다.

가다라의 움므 께이스 박물관.

갈릴리 호수 남쪽으로 27km, 벳산에서 동쪽으로 11km 정도 떨어진 곳에 자리한 해발 – 40m의 고대 도시 유적지로, 움므 께이스(가다라)에서 요르단 골짜기 길을 따라 남쪽 방향으로 가면 왼쪽이 펠라(Pella) 지역이다.

물이 풍부하고 기후 조건이 좋아 고대로부터 거주 문명이 발전했다. 여름 날씨가 꽤 덥기는 하지만 요단 골짜기 지역에서는 최상의 조건이라 할 수 있다. 서리가 없고 연평균 강수량이 345mm나 돼 봄 작물을 재배하기에 좋다. 무엇보다 연중 물이 흐르는 강을 가졌다는 것이 가장 큰 장점이다.

특히 이곳은 예수께서 예루살렘의 멸망을 내다보시면서 피난처로 지목하신 '산'이라는 점이 중요하다.

"그때에 유대에 있는 자들은 산으로 도망할지어다"(마 24:16).

여기서 '산'은 일반 명사처럼 되어 있지만 사실상 펠라를 지목하고 있었다. 당시 열 개에 이르던 데가볼리 도시 가운데 펠라가 지닌 독특함에 바탕을 둔 것이다. 다른 대부분의 데가볼리 도시들이 산기슭의 평지나 고원 평야에 자리하였다면, 펠라는 산 자체를 도시화한 독특한 구조이기 때문이다.

펠라 지역은 키르벳 파힐, 키르벳 남쪽 텔 엘히슨, 북동쪽 제벨 아부 엘카스 지역 등 세 부분으로 나뉜다. 예루살렘에서 기독교인 박해가 진행되자 펠라 지역으로 피난해 온 기록이 있다. 로마와 비잔틴 시대 때 펠라는 강력한 기독교인 도시였다.

펠라 지역의 고대 이름은 그리스어로 피힐루 또는 펠렐이었다. 이것이 뒤에 펠라로, 아랍어로는 파힐로 바뀌었다. 이집트 중부 아마르나 지역에서 발굴된 중요한 고고학적 문서인 텔 엘아마르나 문서 256에 보면 펠라 영주의 이름 무트 발루(Mut-ba' lu)가 등장한다. BC 18~19세기 이집트 저주 문서에는 이곳의 통치자 이름을 아피루 아누(Apiru-Anu)로 적고 있다. 파힐은 토트모세 3세의 원정 기록(도시 목록 33번)이나 세티 1세(도시 목록 49번)를 비롯한 고대 이집트 자료에는 피힐루(Pihilu) 또는 펠렐(Pelel)로 기록되어 있다.

BC 13세기경의 파피루스에는 펠라가 이집트에 병거 부품을 공급하였다고 적고 있다. 또한 이집트 룩소 카르낙 신전 세티 1세의 기록에 보면, 이 도시가 이집트에 대항하여 벳샨을 공격하였다가 세티 1세의 공격을 받게 되었다고 적혀 있다. BC 5세기 후반에는 마케도니아의 왕 아켈라오스 통치를 받으면서 수도로 자리 잡았다. 로마 시대에 발전하여 데카폴리스의 일원이 되었다.

유적 발굴 결과 로마식 기둥과 고대 무덤, 비잔틴 극장이 모습을 드러냈다. 발굴 결과를 바탕으로 해석할 때 AD 2세기 예루살렘에 주둔하던 로마군의 박해를 피하여 많은 기독교인들이 이곳으로 피신하였다고 한다. 격자형으로 도시 계획이 이루어졌으며, 지하에서 질그릇으로 만들어진 상수 파이프가 발견되었다.

비잔틴 제국의 지배하에 있던 이곳은 주교가 머물던 451년경까지 절정을 누리다가 635년 야르묵 전투에서 이슬람 군대에 패배하면서

펠라의 비잔틴 교회 유적.

쇠퇴하기 시작하였고, 747년 큰 지진으로 파괴되었다. 한때 13, 14 세기 마물루크 이슬람 왕조의 통치를 받기도 하였지만 19세기까지 거의 비어 있어 지도에 기록되지도 않았다.

1957년 그리스 고고학팀에 의하여 발굴 작업이 시작되었으나 본 격적인 발굴은 1970년 이후에 이루어졌다. 발굴 결과 정원에는 기둥 이 늘어서 있고, 바닥을 모자이크로 장식한 집이 여러 채 모습을 드 러냈다. 모자이크 그림은 자연석으로 꼼꼼하게 장식한 것으로, 사자 사냥과 표범을 타고 있는 디오니시우스 등을 담고 있다.

펠라에서 바라본 요단 들녘과 그 너머로 보이는 사마리아 산지.

골란
갈릴리 호수
시리아
이라크
아르녹강
자중해
바산
요단강
라못 길르앗
암만
사해
이스라엘
사우디아라비아
이집트
홍해

8

영성의 땅 **길르앗 산지**

길르앗에는 영성이 넘쳤던 모양이다. 길르앗은 구약에 등장하는 주요 사사들의 고향이었고 또한 그들 사역의 근거지였다. 엘리야와 엘리사, 사사 입다와 야일이 길르앗 출신이다.

길르앗 산지는 요르단 최북단 야르묵강에서부터 아르논강까지의 지역이다. 해발 900m 정도 되는 고원 지역으로 물이 풍부하다. 길르앗은 얍복강을 경계로 하여 야르묵강에 이르는 북부 길르앗(위 길르앗)과 얍복강 이남(어떤 시대에는 아르논강까지)의 남부 길르앗(아래 길르앗)으로 나뉜다. 얍복강 이남의 남부 길르앗은 북부보다 조금 낮으며, 얍복강을 경계로 아래 길르앗과 위 길르앗으로 구분한다. 아래 길르앗 지역은 갓 지파가, 위 길르앗 지역은 므낫세 지파가 분배받았다.

전체적으로 길르앗 산지는 지형이 높고 나무가 많으며, 유향으로 유명하다. 강석회암 산지이며, 얍복강과 같은 계곡은 붉은 사암층이 만들어 낸 협곡으로 깊이가 매우 깊다. 높은 지역은 해발 1,000m가 넘으므로 요단강 해발고도가 −200~−300m인 점을 감안하면 1,300m 전후한 고원 또는 산지가 형성되어 있는 셈이다. 성경에 길르앗을 조금 거친 산악 지역으로 표현한다. 이 지역의 계곡과 고원은 다른 지역보다 비교적 물이 넉넉해 품질이 좋은 포도와 올리브가 많이 생산된다.

북부 길르앗은 지형적으로 북에서 남쪽으로 내려감에 따라 점차 높아져 야르묵강에서 30km 부근에 이르면 900m 이상이 되고, 최고점 아스론산은 해발 1,247m나 된다. 길르앗 라못, 길르앗 야베스, 길르앗 미스베, 마하나임 등 역사상으로 중요했던 성읍은 모두 북부에 있다.

255

솔로몬의 12개 행정구역 가운데 여섯 번째, 일곱 번째, 열두 번째 구역이 요르단 지역에 있었다. 벤게벨이 6구역인 라못 길르앗 주변 지역을, 잇도의 아들 아히나답이 마하나임을 중심으로 7구역 정도를 주관했고, 아모리 사람의 왕 시혼과 바산 왕 옥의 나라 길르앗(아래 길르앗) 지역은 우리의 아들 게벨이 주관하였다. 이들 구역은 일 년에 한 달씩 강제로 솔로몬 왕실 재정을 충당해야 했다.

> 그때에 우리가 이 땅을 얻으매 아르논 골짜기 곁에 아로엘에서부터 길르앗 산지 절반과 그 성읍들을 내가 르우벤 자손과 갓 자손에게 주었고(신 3:12).

제라쉬를 지나서면 아즐룬 외곽 지역으로 아름다운 풍경이 펼쳐진다. 성경 탐험을 하는 이들에게는 위 길르앗과 아래 길르앗의 차이가 무엇인지 관찰하는 것도 즐거운 여행이 될 것이다. 특별히 군집을 이룬 나무의 생태계를 관찰함으로써 성경 보는 안목을 높일 수 있다.

🔍 솔로몬은 집권 초기에 자신의 통치 기능을 강화시키기 위하여 12개 구역으로 행정구역을 개편하고 자신의 사람들을 전진 배치시켰다. 이들 12개 행정구역은 권력의 분권이 아니라 중앙집권을 위한 통치 구조였다. 각 행정구역은 일 년에 한 달간 왕실에서 쓸 먹을거리를 제공하는 기본 책임이 주어졌고, 이 12개 구역을 총괄하는 장관이 세워졌다.

1) 에브라임 산간 지역, 2) 마가스와 사알빔과 벳세메스와 엘론벳하난 지역, 3) 아룹봇과 소고와 헤벨 전 지역, 4) 돌의 고지대 전 지역, 5) 다아낙과 므깃도와 이스르엘 아래 사르단 옆에 있는 벳스안 전 지역과 저 멀리 아벨므홀라와 욕느암에 이르는 지역, 6) 길르앗의 라못(길르앗에 있는 므낫세의 아들 야일의 모든 동네와 바산에 있는 아르곱 지역의 성벽) 지역, 7) 마하나임 지역, 8) 납달리 지역, 9) 잇사갈 지역, 10) 아셀과 아롯 지역, 11) 베나민 지역, 12) 길르앗 땅(아모리 사람의 왕 시혼과 바산 왕 옥의 땅)

길르앗 산지. 봄철이면 올리브 농장이 꽃밭으로 변한다.

암만에서 북서쪽으로 77km, 제라쉬에서 서쪽으로 28km, 이르비드에서 남서쪽으로 88km 지점에 있는 고대 로마 도시 가운데 하나다. 아즐룬 지방은 산지로 이뤄진 요르단 제라쉬 북부 지방이다. 고대부터 요르단 북부의 주요 도시와 전략적 요충지로 자리했다. 성경의 길르앗 산지로 불리지만 방문자들이 잘 찾지 않았던 지역이다. 잘 알려지지 않은 데다 암만에서도 좀 먼 거리에 있기 때문이다. 그러나 1972년, 요르단 정부가 주변에 '딥빈 국립공원'을 조성하고 많은 편의시설을 갖추면서 점점 찾는 이들이 늘고 있다.

딥빈 국립공원

제라쉬에서 남서쪽으로 14km 지점에 있다. 1972년에 만들어진

아즐룬 성 실내.

국립공원으로 주변 지역의 자연 생태계나 멀리 시리아 주변 지역에 이르는 산림 자원들을 살펴볼 수 있으며, 휴식을 즐기기에 좋다. 산림욕을 즐기려는 이들에게 좋은 장소이다.

깔라아트 아르 랍바아드 아즐룬 성

아즐룬의 가장 대표적인 유적이다. 1184년에 살라딘의 조카 아미르 이즈 앗딘 우사마 장군이 십자군에 대항하기 위해 건설하였다. 아즐룬 지역은 시리아와 팔레스타인 지역을 연결하는 무역의 중심지였다. 1214~15년 이슬람 아이윱 왕조 쑬탄 휘하의 노예군(마물루크) 관리 아이벡 이븐 압달라(Aibak Ibn Abdullah)에 의해 확장 복원되었다. 1260년에는 몽골 제국의 침략을 받기도 했다. (마물루크는 무슬림 칼리프나 이슬람 아이윱 왕조의 쑬탄(통치자)에 속했던, 중앙아시아와 코카서스 지역에서 뽑혀 온 왕실 노예군들이었다. 이들은 나중에 권력을 잡아 스스로 왕조를 세웠다.)

이 성채는 오늘날 얼마 남아 있지 않은 이슬람 군사 건축 양식의 전형을 보여 주고 있다. 1837년과 1927년 큰 지진으로 파괴되었고, 아즐룬 성이 복원되기 전까지 성 안에 살았던 40여 가구 이상의 지역 주민이 남긴 흔적이 남아 있다.

아즐룬 성 외벽.

길르앗 주변 지역과 사마리아 산지 등을 관찰하고자 하는 성지 답사자라면 아즐룬 성을 방문해 한 가지 더 얻을 수 있다. 맑은 날에는 이곳에서 성경 속의 길르앗 땅과 요단 골짜기를 한눈에 볼 수 있기 때문이다. 특별히 위 길르앗과 아래 길르앗의 경계를 이루는 안자라 (길르앗 미스베) 주변 지역과 요르단 골짜기로 이어지는 길의 흐름을 잘 살펴보면 더욱더 풍성한 여행이 될 것이다.

아즐룬 성에서 요단 들녘 방향으로 바라본 모습.

이르비드(Irbid)는 암만에서 북쪽으로 140km, 시리아 국경 다라 (Dara'a)에서 남서쪽으로 30km 정도 떨어져 있는 국경 도시이자 공업 도시다. 인구 약 30만 명이 살고 있는 도시로, 암만과 자르까에 이어 요르단에서 세 번째로 크다. 아빌라나 움므 께이스, 엘 헴마 지역을 잇는 교통 요지이기도 하다. 이슬람 전설에 따르면 모세의 부모와 그의 아들 가운데 네 명의 무덤이 이곳에 있었다고 전한다.

아벨 므홀라 _{텔 엘마끌룹}

아즐룬 북쪽에 55번 국도와 지방도로가 만나는 삼거리가 있다. 그곳에서 할라와(Halawa)를 거쳐 65번 국도로 연결하는 도로를 따라 동북쪽으로 이동하면 와디 엘야비스가 나온다.

아벨 므홀라 지역의 농경지.

와디 엘야비스에서 동쪽으로 수킬로미터를 가면 텔 엘마끌룹(Tell el Maqlub)이 있다. 이곳이 엘리야가 사밧의 아들 엘리야를 만난 엘리사의 고향 아벨 므홀라(Abel meholah)다(왕상 19:16). 아벨 므홀라의 위치에 대해서는 의견이 분분한데, 그 가운데 가장 많은 사람들이 주장하는 내용은 다음과 같다. 잇사갈 지파의 경계 안에 있던 벳샨에서 남쪽으로 15km 정도 떨어진 요단강 서편(오늘날 이스라엘 지역)의 한 지점이라는 것이다. 유세비우스의 기록(Onom. 34:23)에 따르면, 온천이 있던 아벨메아나 아벨마인, 오늘날의 벳마엘라(Bethmaela)를 아벨므홀라로 본다.

한편 성경에서와 같이 엘리야가 엘리사에게 겉옷을 벗어 준 행위는 당시 풍습이나 유목민의 풍습에 따르면 양자를 삼을 때나 후계자를 삼을 때 하던 의식이다.

디셉 리스팁

키르벳 마르 엘리야스에서 북서쪽으로 1km, 아즐룬에서 북북서 방향으로 6km 정도 떨어진 마을에 해발 802m 높이의 작은 언덕이 있다. 키르벳 마르 엘리야스에서 북서 방향으로 바라다보면 보인다.

이슬람 사원 유적이 몇 개 남아 있으나 형태나 형식은 비잔틴, 로마, 그리스의 영향을 받았다. 많은 학자들은 이 키르벳 리스팁을 엘리야의 고향이라고 지목한다.

> 길르앗에 우거하는 자 중에 디셉 사람 엘리야가 아합에게 고하되, 나의 섬기는 이스라엘 하나님 여호와의 사심을 가리켜 맹세하노니 내 말이 없으면 수년 동안 우로가 있지 아니하리라 하니라(왕상 17:1).

엘리사는 힘센 장사?!

요르단과 이스라엘을 연결하는 주요 국경으로는 여리고, 펠라(이스라엘의 벳산), 남부의 아라바 국경 등이 있다. 고대에는 요단강 동서를 연결하는 다리가 있었는데, 그 가운데 대표적인 네 곳을 지금도 사용한다. 펠라 국경 쪽의 다리와 여리고 국경 쪽의 다리, 여기에 더하여 여리고 남단 쪽의 나루터과 아담 읍 가까운 곳의 다리 이렇게 넷이다.

이렇게 많은 나루터과 육로를 통해 요단강 동서를 오갈 수 있었다. 요단강을 사이에 두고 마주하고 있었던 까닭에 통치자들이 달랐던 상황에서도 양편을 오가는 데는 별다른 어려움이 없었다. 또한 오늘날 같은 국경 개념이 약하였던 것이나 영토의 주권자가 빈번하게 바뀌었던 것도 국경 통과를 어렵지 않게 해 주었던 요인 가운데 하나다.

덕분에 구약의 일부 선지자들도 별다른 허가서 없이 인근 지역을 자유롭게 오가며 하나님의 말씀을 선포할 수 있었다. 자기 나라에서뿐만 아니라 국제적으로 활동하는 선지자도 있었다. 이들의 메시지는 구체적인 선포였고, 심판의 내용 또한 피부에 와 닿는 것이었다.

누가 뭐래도 엘리야의 직계 후계자는 엘리사다. 엘리사 하면, 다혈질의 힘이 센 장사, 대머리, 천리안을 가졌던 인물, 성경에 등장하는 공식적인 최초의 선지학교 교장을 지낸 인물, 이스라엘 태생의 위대한 선지자 가운데 한 사람으로 기억한다. 하지만 이런 정보의 대부분이 사실에 근거하지 않고 있다고 해서 이상할 것도 없다.

대부분의 성경 사전이 그의 고향 아벨 므홀라는, 벳산에서 15km 정도 떨어진 요단강 서편 이스라엘 지역의 작은 마을 아벨메아라고 언급하고 있다. 몇몇 자료에는 요단 강변의 그릿 시냇가 근처 텔 엘마끌룹이라고도 적혀 있다. 그러나 요르단 쪽의 아벨 므홀라가 더 적합하다고 생각한다.

키르벳 마르 엘리야스

키르벳 마르 엘리야스 표지판을 지나 바로 오른쪽(아즐룬행 도로)으로 난 첫 번째 길을 따라 2km 정도 가면 작은 갈림길이 나온다. 오른쪽이 리스팁으로 가는 길이고, 왼쪽은 키르벳 마르 엘리야스다.

엘리야산(키르벳 마르 엘리야스)의 해발 900m 정도 되는 곳에 비잔틴 시대 교회 유적이 있다. 로마 천주교에서 요르단의 5대 성지로 승인한 곳이다. 유적지에는 동서남북 네 개 방향으로 강대상이 있다. 곳곳에 저수조와 교회 의식용으로 사용했던 올리브 기름이나 포도즙을 짜던 도구들이 있다. 물론 교회 바닥은 다양한 형태의 모자이크로 아름답게 장식되어 있다.

엘리야의 고향 지역을 둘러보다 보면 "개천에서 용 난다"는 우리말이 떠오른다. 디셉은 길르앗 지방의 후미진 곳에 있는 작은 지역이다. 길르앗 라못이나 야베스 길르앗 같은 굵직한 도시가 아닌 그야말로 산골이었다. 게다가 엘리야의 집안은 타지에서 이주해 온 뜨내기였다. 뜨내기임에도 이런 후미진 지역에까지 흘러들어올 정도였다면 그 집안 형편은 분명 말이 아니었을 것이다. 성경은 어느 지파 출신인지도 명확하게 밝히지 않고 있다. 지극히 작고 초라한 집안 출신에다가 그가 부름을 받을 당시의 생활 형편도 말이 아니었을 것이다.

엘리야의 고향 마을 디셉.

그러나 하나님께서는 작고 보잘것없는 이 지역에까지 찾아오셔서 지극히 작고 천한 자를 들어 쓰셔서 최고의 하나님의 선지자로 그를 부르셨다.

베들레헴 구유 허름한 자리에 오신 예수님이 겹쳐 떠오르는 것은 전혀 이상할 것이 없다. 하나님께서 우리를 부르실 때에 우리의 혈통을 보지 않으심은 물론 사람의 기준을 적용하지 않으신다는 것을 다시금 배우게 된다.

그릿 시냇가 와디 엘야비스

와디 엘야비스(Wadi el Yabis)는 길르앗 지방 중심부를 뚫고 흐르던 대표적인 시내였다. 엘리야가 도망갔던 그릿 시냇가가 와디 엘야비스의 한 부분이다. 아마도 요단 강변에서 멀리 떨어지지 않은 야베스 길르앗과 요단강 사이의 한 지점이었을 것이다. 와디 엘야비스는 오늘날 '와디 아르리얀'(또는 와디 에르룸만)으로 불린다.

어떤 학자는 이스라엘의 예루살렘과 여리고의 중간 지점인 성 조지 수도원이 있는 와디 켈트의 한 지역을 그릿 시냇가로 언급하기도 한다. 그러나 성경의 기록을 따라가다 보면 그릿 시냇가는 요단강 동편에 자리했다. 일부는 데이르 아비 사이드 북쪽으로 흐르는 와디 지끌랍(Wadi Ziqlab)을 그릿 시냇가라고도 하는데, 이 또한 성경에 나오는 지리적 설명과는 다르다.

엘리야는 길르앗 북부 지역의 디셉 출신이다. 성경은 그의 출신 배경이나 성장에 대해서는 침묵하고 있지만, 그가 디셉 출신인 것만은 밝히고 있다. 디셉은 길르앗에 이주해 들어온 타지인들이 몰려 살던 동네로, 길르앗 주민들은 이스라엘 본토인들에게 차별과 멸시를 당하곤 했다. 엘리야는 이스라엘 왕 아합 왕(BC 869~850년 재위)과 그의 아들 아하시야 왕(BC 850~849년경 재위)과 동 시대를 살았다. 아합 왕의 즉위 시점이 BC 869년(학자들마다 차이가 있는데 올브라이트의 연대 제안을 따랐다)인 것을 고려하면 엘리야의 사역은 그 시기쯤이었을 것이다. 그의 승천은 이스라엘의 여호람 왕 즉위(BC 849년경)를 전후하여 일어난 것으로 보인다.

너는 여기서 떠나 동으로 가서 요단 앞 그릿 시냇가에 숨고 …… 저

가 여호와의 말씀과 같이하여 곧 가서 요단 앞 그릿 시냇가에 머물매

(왕상 17:3-5).

엘리야는 공생애를 시작하자마자 큰 위협감에 사로잡힌다. 아합 왕에게 가뭄이라는 국가 재난을 선포했기 때문이다. 그런데 그런 처지에 놓인 엘리야를 하나님께서 그릿 시냇가로 이끄신다. 하나님은 엘리야의 고향 지역과 아주 닮은 시냇가로 그를 부르심으로써 엘리야 자신을 돌아보게 하신 것이다. 엘리야는 그곳에서 몸과 마음은 물론 소명까지 모든 부분에서 심기일전했을 것이다.

왼쪽_ 엘리야 기념교회 언덕.
오른쪽_ 그릿 시냇가(와디 엘야비스). 오늘날에는 석류가 많이 나 석류골짜기(와디 에르룸만)라고 부른다.

라못 길르앗 ^{텔 에르루메이쓰}

라못 길르앗은 벳산에서 왕의 대로를 따라 올라가다 만나는 교차
점이다. 오늘날 요르단의 이르비드 북방, 국경 도시 람싸 근교에 있
는 텔 에르루메이쓰(해발고도 50m)를 말한다. 이스라엘 이즈르엘 평야
의 므깃도처럼 지역적인 중요성 때문에 고대로부터 수많은 전쟁이
있었던 곳이다.

시리아와 접경한 도시 람싸에서 남쪽으로 7km, 이르비드에서 동
쪽으로 17km 지점에 해발 50m 되는 언덕이 있다. 이곳이 요르단의
므깃도 라못 길르앗이다. 이곳에서 발굴된 성의 규모는 폭 40m 안팎
으로 그리 크지 않다. 두 개의 작은 언덕으로 이어져 있고, 눈에 띄는
건축 구조물은 복원되지 않았다. 다만 청동기 시대 전후한 성벽 일부
와 건축물의 구조 정도는 볼 수 있다.

이곳으로 가려면 암만에서 람싸로 이동하다가 요르단 과학기술대
학교를 지나 알하싼 공단으로 우회전한 다음, 알하싼 공단 입구
300m 전에 오른쪽에 보이는 작은 둔덕으로 올라가면 된다. 언덕 위
에는 한 유목민 가족이 천막을 치고 거주하고 있다.

모세가 바산 왕 옥의 군대를 쳐부순 에드레이는 오늘날 시리아의
자베르 국경이 닿아 있는 다라 지역으로, 길르앗 라못에서 40km 정
도 거리에 있다.

북쪽은 알하싼 공단, 오른쪽(동편)은 시리아 접경 지역, 서쪽은 데
가볼리 도시 디온(엘후슨)과 베이트 라쓰(카페톨리아스) 등이 이어지는
이르비드(약 10km)다. 모세는 길르앗 지방을 다 공략하고 길르앗 지

방 가장 외곽에 위치한 이 길르앗 라못 지역을 통과하여 에드레이(다라)로 진격하였을 것으로 보인다.

> 하나는 광야 평원에 있는 베셀이라 르우벤 지파를 위한 것이요 하나는 길르앗 라못이라 갓 지파를 위한 것이요 하나는 바산 골란이라 므낫세 지파를 위한 것이었더라(신 4:43).
>
> 이스라엘 왕이 그 신복에게 이르되 길르앗 라못은 본래 우리의 것인 줄을 너희가 알지 못하느냐 우리가 어찌 아람 왕의 손에서 취하지 아니하고 잠잠히 있으리요 하고 여호사밧에게 이르되 당신은 나와 함께 길르앗 라못으로 가서 싸우시겠느뇨 여호사밧이 이스라엘 왕에게 이르되 나는 당신과 일반이요 내 백성은 당신의 백성과 일반이요 내 말들도 당신의 말들과 일반이니이다 …… 이스라엘 왕이 이에 선지자 사백 인쯤 모으고 저희에게 이르되 내가 길르앗 라못에 가서 싸우랴 말랴 저희가 가로되 올라가소서 주께서 그 성을 왕의 손에 붙이시리이다 …… 모든 선지자도 그와 같이 예언하여 이르기를 길르앗 라못으로 올라가 승리를 얻으소서 여호와께서 그 성을 왕의 손에 붙이시리이다 하더라 …… 이에 왕에게 이르니 왕이 저에게 이르되 미가야야 우리가 길르앗 라못으로 싸우러 가랴 말랴 저가 왕께 이르되 올라가서 승리를 얻으소서 여호와께서 그 성을 왕의 손에 붙이시리이다 …… 여호와께서 말씀하시기를 누가 아합을 꾀어 저로 길르앗 라못에 올라가서 죽게 할꼬 하시니 하나는 이렇게 하겠다 하고 하나는 저렇게 하겠다 하였는데 …… 이스라엘 왕과 유다 왕 여호사밧이 길르앗 라못으로 올라가니라(왕상 22:3-29).

길르앗 미스베 안자라

오늘날의 안자라(Anjara)는 위 길르앗과 아래 길르앗을 이어 주고, 요르단 골짜기와 길르앗 산지를 연결하는 중요한 교통 요지다. 1999

년부터 이뤄진 요르단 주요 성지 지정에서 로마 가톨릭 공인 요르단 5대 성지에 안자라의 천주교회가 포함되면서 주목받기 시작하였다. 물론 안자라 천주교회는 20세기에 세워진 교회로, 유적지의 면모를 찾아볼 수는 없다. 로마 가톨릭에서 인정한 요르단의 5대 성지 가운데 가장 최근에 만들어진 곳이다.

안자라는 미스베 또는 라맛 미스베라 불리던 지역으로, 야곱과 그의 장인 라반이 불가침 조약을 맺은 장소, 미스바가 바로 이곳이다. 하란에서 몰래 도망쳐 나온 야곱과 라반은 이곳에서 재회해 언약을 맺었다. 언약 체결을 위하여 각각 갈르엣과 여갈사하두다라고 이름 지은 돌무더기를 쌓았고, 이것이 이후 일종의 경계석 역할을 했다. 아래 길르앗의 길르앗 미스베(텔 핫자즈)와는 다른 곳이다.

일부에서는 예수께서 갈릴리에서 안자라와 쿠푸란자를 지나 제라쉬로 가면서 이곳을 오가셨다고 한다. 또 이곳에서 마태복음 19장 2-12절 말씀을 하셨다고도 주장한다.

길르앗 미스베.

이곳은 갈릴리에서 예루살렘으로 이동하던 주요 경로 가운데 하나 였다. 그러므로 요단강을 건너 요단 골짜기를 통과하여 데가볼리 지경의 제라쉬를 방문하려면 안자라와 쿠푸란자를 통과해야만 했을 것이다.

라반이 야곱에게 대답하여 가로되 딸들은 내 딸이요 자식들은 내 자식이요 양떼는 나의 양떼요 네가 보는 것은 다 내 것이라 내가 오늘날 내 딸들과 그 낳은 자식들에게 어찌할 수 있으랴 이제 오라 너와 내가 언약을 세워 그것으로 너와 나 사이에 증거를 삼을 것이니라 이에 야곱이 돌을 가져 기둥으로 세우고 또 그 형제들에게 돌을 모으라 하니 그들이 돌을 취하여 무더기를 이루매 무리가 거기 무더기 곁에서 먹고 라반은 그것을 여갈사하두다라(증거의 무더기, 아람어) 칭하였고 야곱은 그것을 갈르엣(증거의 무더기, 히브리어)이라 칭하였으니 라반의 말에 오늘날 이 무더기가 너와 나 사이에 증거가 된다 하였으므로 그 이름을 갈르엣이라 칭하였으며 또 미스바라 하였으니 이는 그의 말에 우리 피차 떠나 있을 때에 여호와께서 너와 나 사이에 감찰하옵소서 함이라 네가 내 딸을 박대하거나 내 딸들 외에 다른 아내들을 취하면 사람은 우리와 함께할 자가 없어도 보라 하나님이 너와 나 사이에 증거하시느니라 하였더라 라반이 또 야곱에게 이르되 내가 너와 나 사이에 둔 이 무더기를 보라 또 이 기둥을 보라 이 무더기가 증거가 되고 이 기둥이 증거가 되나니 내가 이 무더기를 넘어 네게로 가서 해하지 않을 것이요 네가 이 무더기, 이 기둥을 넘어 내게로 와서 해하지 않을 것이라 아브라함의 하나님, 나홀의 하나님, 그들의 조상의 하나님은 우리 사이에 판단하옵소서 하매 야곱이 그 아비 이삭의 경외하는 이를 가리켜 맹세하고 야곱이 또 산에서 제사를 드리고 형제들을 불러 떡을 먹이니 그들이 떡을 먹고 산에서 경야하고 라반이 아침에 일찍이 일어나 손자들과 딸들에게 입맞추며 그들에게 축복하고 떠나 고향으로 돌아갔더라(창 31:43-55).

야베스 길르앗 텔 아부 엘카라즈

야베스 길르앗(Jabez Gilead)은 길르앗 지방의 대표 도시 가운데 하나였다. 라못 길르앗이 길르앗 지방 동편 끝에, 길르앗 미스베가 길르앗 지방 중앙에 자리했다면, 야베스 길르앗은 길르앗 지방 서편 끝에 자리했다.

야베스 길르앗은 구약의 사사기, 사무엘, 열왕기 등에 자주 나온다. 특별히 블레셋과 암몬과의 전쟁 기록이 눈길을 끄는데, 고고학적으로 철기 시대 이야기다. 사무엘의 기록에 의하면 이곳에 사울 왕이 매장되었다.

텔 아부 엘카라즈(Tell Abu el Kharaz)는 와디 엘야비스(그릿 시내)가 요단강으로 연결되기 전, 오늘날 와디 엘야비스 마을과 35번 국도가 만나는 지점인 요단강에서 4km 떨어진 언덕(해발고도 –116m)이다. 유적지 규모는 남북으로 약 300m, 동서로 약 400m이며, 현재는 120×100m 정도만 발굴이 진행되었다. 1942년 넬슨 글룩(N. Glueck)이 처음 발굴 작업을 시작한 이래 스웨덴 고고학팀이 이어서 진행하고 있다.

돌로 두껍게 요새화했던 흔적이 남아 있으며, 아울러 초기 청동기 시대 이래로 이슬람 마물루크 왕조에 이르기까지의 자취들을 볼 수 있다.

길르앗 야베스 거민들이 블레셋 사람들의 사울에게 행한 일을 듣고 모든 장사가 일어나 밤새도록 가서 사울과 그 아들들의 시체를 벧산 성벽에서 취하여 가지고 야베스에 돌아와서 거기서 불사르고 그 뼈를 가져다가 야베스 에셀나무 아래 장사하고 칠일을 금식하였더라 (삼상 31:11-13).

유다 사람들이 와서 거기서 다윗에게 기름을 부어 유다 족속의 왕을 삼았더라 혹이 다윗에게 고하여 가로되 사울을 장사한 사람은 길르앗 야베스 사람들이니이다 하매 다윗이 길르앗 야베스 사람들에게 사자들을 보내어 가로되 너희가 너희 주 사울에게 이처럼 은혜를 베풀어 장사하였으니 여호와께 복을 받을지어다(삼하 2:4-5).

사본 텔 엣싸이디예

요단강 동쪽으로 1.8km 떨어진 와디 쿠푸린제(Wadi Kufrinjeh)의 넓은 언덕에 자리한 텔 엣싸이디예(Tell es Saidiyeh)는 사해와 갈릴리 호수 중간 정도에 위치해 있다. 이곳의 흙이 좋아서 솔로몬 성전에서 쓸 그릇을 만들었다.

이 지역에서의 발굴 작업은 1939년, 1947년에 넬슨 글룩이 시작했고, 이후 1964~67년에는 펜실베이니아 대학 박물관의 프리차드(J. B. Pritchard) 등이 지도했다. 발굴 결과 후기 청동기 시대에 사르단 주민들과 이집트, 사이프러스(구브로), 시리아와 문화적인 교류가 있었음을 확인했다. BC 12~13세기경의 청동 포도잔과 행정 건물과 파피루스, 수로 계단 등이 발견되었다. 청동 대접이나 물고기 모양의 상아로 된 화장품함 등을 통해 이집트가 이곳을 다스렸음을 알 수 있다.

사르단과 사본(Zaphon)을 같은 장소로 보기도 하지만 별개의 장소로 보는 것이 더 적절하다. 사르단에 대한 소개는 135쪽을 참고하기 바란다.

골짜기에 있는 벧 하람과 벧니므라와 숙곳과 사본 곧 헤스본 왕 시혼의 나라의 남은 땅 요단과 그 강 가에서부터 요단 동편 긴네렛 바다의 끝까지라(수 13:27).

바산 골란 지역은 바산 지방과 골란 지방을 함께 일컫는 말이다. 우리나라 영호남 지방과 같은 격이다. 때때로 바산이 바산 골란 지역 전체를 나타내기도 한다.

바산

바산은 오늘날의 골란 고원(Golan Hights)과 닿아 있는 야르묵강과 남쪽의 얍복강 북쪽의 고원 평야 지대이다. 성경은 바산을 좋은 목축지로 묘사한다. 시편 22편 12절은 "많은 황소가 나를 에워싸며 바산의 힘센 소들이 나를 둘렀으며"라고 기록해 바산의 소들이 우량했음을 암시한다. 선지자 아모스는 사마리아에 사는 살찌고 부유한 사람들을 바산의 암소에 비유해 "사마리아 산에 거하는 바산 암소들아"(암 4:1)라고 말하기도 했다. 또한 에스겔도 "너희가 용사의 고기를 먹으며 세상 왕들의 피를 마시기를 바산의 살찐 짐승 곧 수양이나 어린 양이나 염소나 수송아지를 먹듯 할지라"(겔 39:18)라고 기록하고 있다. 므낫세 반 지파에게 분배되었다.

요단강의 지류인 얍복강에서 북쪽으로 다메섹에 이르는 지역이며 해발 평균 600m의 고원지대다. 바산의 중앙 지대에는 현무암의 풍화토로 이루어진 비옥한 평야가 펼쳐져 있다. 서쪽 하부 갈릴리 산지가 낮기 때문에 지중해 방면으로부터 불어오는 습한 바람이 내륙에 깊숙이 미쳐 우량이 상당하고, 동쪽에는 높고 험준한 하우란 산맥(1,500m)이 남북으로 달리고 있어 아라비아 사막에서 불어오는 '시로

코' 라는 건조한 동풍의 피해를 막아 준다. 이 같은 천혜의 조건으로 바산 고원은 농경에 적지이며, 로마 시대에는 로마 제국의 큰 곡창 가운데 하나였다.

골란 고원

현무암으로 이루어진 평지로, 위 골란과 아래 골란으로 이루어져 있다. 위쪽 골란은 1,210m의 아비탈 산지이며, 좋은 초지(草地)로 축산업이 발달하였다.

또 여리고 동 요단 저편 르우벤 지파 중에서 평지 광야의 베셀과 갓 지파 중에서 길르앗라못과 므낫세 지파 중에서 바산 골란을 택하였으니(수 20:8).
레위 가족의 게르손 자손들에게는 므낫세 반 지파 중에서 살인자의 도피성 바산 골란과 그 들을 주었고 또 브에스드라와 그 들을 주었으니 두 성읍이요(수 21:27).
게르손 자손에게는 므낫세 반 지파 족속 중에서 바산의 골란과 그 들과 아스다롯과 그 들을 주었고(대상 6:71).

바산 지방에서 바라본 골란 고원의 깊은 협곡.

야르묵강 나흐르 야르묵

야르묵강도 성지인가요? 예! 아니요! 동시에 두 대답이 나올 수 있다. 야르묵강은 성경에는 그 이름이 등장하지 않지만, 여러 정황상 예수께서 갈릴리 호수 동편으로 다니실 때, 그리고 움므 께이스(가다라) 지방이나 다른 데가볼리 지경으로 이동하실 때 건너셨던 곳으로 보인다.

요르단 최북단에 있는 강으로 과거 시리아의 골란 고원과 접경을 이루었다. 지금은 이스라엘이 점령해 이스라엘과의 접경이 되었다. 물론 이 야르묵강도 흘러서 요단강 상류(갈릴리 호수 남단)와 만난다.

야르묵 강변의 가장 대표적인 유적지는 엘 헴마이다.

하맛 가데르 엘 헴마

'가다라 지방의 온천'이라는 뜻의 지역으로 갈릴리에서 동쪽으로 7km, 움므 께이스에서 북동쪽으로 10km 정도 거리에 있다. 이스라엘과 시리아의 국경을 마주하고 있는 요르단 북동쪽의 작은 마을이다. 고대에는 하맛 가데르(Hammat Gader)로 불렸고, 오늘날 지명은

야르묵강은 골란 고원과 바산 지방의 경계였다.

엘 헴마(el Hemma)다. 유적지 전체 규모는 길이 1,450m에, 폭 500m로 약 730,000m²(22만 평)에 이른다.

엘 헴마의 욕탕들은 야르묵강과 골란 고원 쪽으로 나 있는 언덕 아래에 있다. 오늘날도 사용하는 이 욕탕들은 목욕 문화가 발달했던 로마 시대에 매우 유명했다.

주요 유적지는 이스라엘이 점령한 텔 바니(욕탕의 언덕)에 몰려 있는데, 이곳에서는 유대교 회당을 비롯하여 북쪽으로는 에인 엘자랍과 에인 불로스 욕탕, 남쪽 편으로는 에인 에르리흐와 에인 엘마끌레(하맛 셀림으로도 불린다) 욕탕이, 북동쪽으로는 에인 싸크네 욕탕이 발굴되었다.

BC 1세기 후반, 지리학자 스트라보는 가다라 근처에 온천 지역이 있다고 적고 있다. 3세기 중엽 이집트의 교부 오리게누스는 요한복음 6장 41절 주석에서 이 지역을 언급하고 있고, 안토니누스 피우스 황제(AD 138~161 재위)의 유도키아(Eudocia) 비문에도 이곳에 대한 기록이 있다.

엘 헴마에는 관광객보다 현지인들이 온천을 찾아 많이 몰려든다. 하맛 가데르 유적지 대부분은 현재 이스라엘군의 주둔 지역으로, 작은 규모의 가게와 정부에서 운영하는 휴게소가 있다.

하맛 가데르의 온천.

잘 다듬어진 계획도시 움므 엣지말

성경에는 움므 엣지말에 대한 기록이 없지만 성경 시대 사람들에게는 익히 알려진 장소 가운데 하나일 것이다. 요르단 유적 중에 매우 잘 보존된 이슬람 문명 가운데 하나다.

암만에서 북동쪽으로 80km 정도 떨어져 있으며, 자발(제벨) 드루즈라고도 불리는 하우란(Hauran)의 남쪽에 자리한 자그마한 도시(해발고도 675m)다. 시리아와의 국경에서 10km, 마프라끄에서 동쪽으로 20km 밖에 있는 국경 도시이기도 하다.

움므 엣지말은 2세기경 로마가 나바트 왕국을 비롯해 아랍을 점령하는 과정에 개발한 전략 거점 도시 가운데 하나였다. 로마가 점령하기 이전에는 나바트 문명의 명성이 자자했던 곳이다. 헬레니즘을 수용하여 자신들의 고유 문명과 잘 융합시킨 흔적도 발견된다. 요르단의 다른 지역에서 발굴된 나바트 문명 유적에는 신전과 무덤 등 종교적인 장소가 대부분이지만, 이곳은 잘 다듬어진 계획도시의 면모를

279

움므 엣지말의 비잔틴 시대의 교회터와 도시 유적들.

보여 준다. 최북방의 또 다른 나바트 문명 도시였던 시리아의 보스라와 서로 교류하며 나바트 문명을 긴밀하게 발전시켜 나간 것이다.

후에 비잔틴 제국 통치하에서 기독교 문명 중심지 가운데 하나로 큰 역할을 담당했다. 당시 교회 유적지가 15개 남아 있다. 교회 유적지 가운데 8개 정도는 가정 교회였고, 4개 정도가 독립된 예배당 구조를 갖추고 있다. 이곳이 비잔틴 시대 문명의 교차점 역할을 잘 감당했음을 보여 주는 좋은 증거다. 그러나 움므 엣지말이 가장 번성했던 시기는 이슬람 시대 움마이야 왕조 때다. 그러다 AD 747년에 지진으로 파괴된 이후 도시로서의 기능을 완전히 잃고 말았다.

움므 엣지말. 이슬람 시대 도시 흔적이 넓게 이어진다.

갈릴리 호수
시리아
이라크
지중해
요단강
암만
사해
살루아
암마
이스라엘
케락
사우디아라비아
이집트
홍해

푸른 목초지가 드넓은
모압 왕국

아르논강(와디 엘무집)을 건너면서부터 시작돼 세렛강(와디 엘헤사)에 이르는 지역이 모압(Moab) 왕국이다. 그 가운데 대표적인 도시는 케락 시로 해발 고도가 남북으로 850m, 동서로 750m 정도인 지역에 자리하고 있다. 요르단 토박이 유목민들의 본고장으로 최근 주변에 공업도시 건설이 한창이다. 사막 도로와 왕의 대로, 사해 도로가 교차하는 교통 요지로 각광받고 있다.

모압 왕국의 영토는 사해 동편 고원 지역에 자리하고 있다. 북으로는 아르논강과 남으로는 세렛강이 각각 아모리 왕국과 에돔 왕국과 더불어 자연 경계를 이루고 있다. 사막 지역을 동쪽에, 와디 아라바와 사해를 서쪽 경계로 두고 형성되었던 고대 모압 왕국 지역이다. 모압과 길르앗 사이에는 눈에 띌 만한 자연적인 경계가 없다. 사해 북단 끝으로부터 히스반과 마다바 사이를 따라 모압의 북쪽 경계를 나누기도 한다.

주로 해발 900m 이상 되는 모압 산지는 사해의 깊이를 고려해 볼 때 실제로는 약 1,300m 정도 되는 고원 지역이다. 이러한 지형적 특성으로 겨울철에도 습기가 많아 포도 및 다른 농작물 재배에 아주 적절하다. 한편 성경 시대에는 목초지가 드넓게 형성돼 있었는데, 열왕기하 3장 4절 이하의 기록에 의하면 모압 왕 메사는 '양을 치는 자'로, 모압의 조공 품목으로 해마다 새끼 양의 털 10만과 수양의 털 10만이 등장할 정도로 목축이 잘 되었다.

모압 족속의 종교 현황은 구체적으로 드러난 바가 없다. 발루아에서 발굴된 발루아 비문과 디본에서 발굴된 메사 비문에 따라 대략 짐작만 할 따름이다. 발루아 비문에는 한 신과 그 부속신으로 보이는 여신의 모습, 예배 자세를 갖춘 인간의 모습이 그려져 있다. 말을 탄 남자들의 형상이라든지 여신 형상과 같은 철기 시대의 다양한 유물과 바못바알(Bamoth-baʾal), 벧바알브올(Beth-baʾal-peor), 벧바알므온(Beth-baʾal-meon) 등과 같은 장소 이름을 통하여 당시 모압의 종교 및 제사 행위가 가나안의 종교와 유사했음을 알 수 있다.

1955년 디본(Dibon)에서 신전 유적이 발굴되었다. 모압의 그모스신을 위한 산당 가운데 하나였던 것으로 보인다.

민수기 21장 29절에는 모압을 일컬어 '그모스의 백성'이라고 기록했고, 메사 왕은 그의 비문 첫째 줄에서 "나는 그모스 멜렉신의 아들, 모압 왕 디본 사람"으로 자신을 소개한다. 솔로몬 시대에는 예루살렘 외곽 동쪽 산 위에 모압으로부터 온 그모스를 위해 산당을 세운다. 또한 열왕기상 11장 7절과 33절에서 '모압의 신 그모스'라는 표현을 미루어 짐작컨대 그모스 종교가 모압의 민족종교였음을 알 수 있다. 모압의 종교는 음란하고 방탕했으며(민 25:1-5), 바알 종교의 특징인 '신성한 매춘과 주신제'가 깊이 뿌리내리고 있었다. 즉, 그모스와 함께 바알신까지 섬긴 것으로 보인다.

메사 왕의 북진정책의 성과로, 한때 마다바 주변 지역까지 장악했다. 사사기 기록에 따르면 모압 왕 에글론은 가나안 지역까지 영향력을 행사하여 여리고에 위성 행정도시를 두고 이스라엘을 통치하였다. 모압 왕국은 BC 13세기에 나라의 토대를 마련하였고, 얼마 뒤 아모리 세력이 확장되면서 헤스본(오늘날 히스반)에 도읍을 정한 시혼 왕에 의해 아르논 골짜기를 경계로 하는 전형적인 모압 왕국의 경계가 형성되었다. 이후 시혼 왕은 모압 왕국과 지속적으로 영토 분쟁을 일으켰다. 그렇지만 특이하게도 역사기록에는 아모리 왕국의 중요 지역까지 모압 지역에 포함해 거론된다. 모압 평지(오늘날 사해 인근 요르단 골짜기 밭까 지방)나 모압 산지 등의 지명이 대표적인 예다.

TIP 이방신을 위한 신전을 성경에서는 주로 '산당'이라고 표현하는데, 이는 신전 위치가 구릉이나 산의 정상에 세워진 것을 빗대어 말한 것이다.

모압 시대의 주요 기록물

앞서 말한 발루아 비문과 메사 비문(114-116쪽 참고)이 대표적이다. 두 기록에는 당시의 지정학적인 분위기도 담겨 있지만, 무엇보다 도시화 계획이 어떻게 진행되고 있었는지를 자세히 풀어 쓰고 있다. 메사는 비문을 통해 자신이 와디 엘무집(아르논 골짜기)을 잇는 도로를 건설했음을 밝히고 있으며, 저수지를 만들고 길을 닦고 도시를 건설했다고 주장하고 있다.

위_ 밀 수확 장면. 다 익은 밀은 손으로 쉽게 끊을 수 있다.
아래_ 모압 들녘. 목축하기에 좋은 들녘이 이어진다.

디반 마을을 지나서 남쪽으로 7~8km 정도 가면 아르논(Arnon) 골짜기에 도착한다. 암만 지방과 케락 지방을 구분하는 경계선으로, 암만에서 남동쪽으로 84km, 케락에서 북쪽으로 30km 거리에 있다.

아르논이라는 단어는 '큰소리를 내며 물이 흐르는 물'이라는 뜻을 가진 의성어로, 아르논은 북의 암몬과 남의 모압을 나누는 경계가 되었다. 아랍에 정복당한 이후에는 아랍어로 '큰소리를 내며 떨어지는 물'이라는 의미의 '엘무집'으로 불리고 있다. 전체 길이가 45km에 이르는 암만 지방과 케락 지방을 구분하는 경계 역할을 하고 있다.

통일 왕국 시대에서 분열 왕국 시대로 이어지기까지 아르논 북쪽은 이스라엘의 영향 아래에 있었다. 이스라엘 왕 아합이 죽은 이후 모압은 아르논 북부 지역을 다시 점령한다. 메사는 이때의 승전 기록을 석비에 담으면서 아르논강을 연결하는 고속도로를 건설했음을 자랑했다. 이사야의 '아르논 나루'(사 16:2)라는 기록에서도 알 수 있는 내용이다.

계곡 기슭에는 다리가 놓여 있었는데, 와디 엘무집(Wady el Mujib) 댐 건설 과정에서 수몰된 것으로 보인다. 아르논 골짜기 중심부는 폭이 4km, 깊이가 400m~1km 정도 된다. 골짜기로 내려가려면 약 30분 정도 걸리는데, 고도 차이 때문에 귀가 멍멍해지기 일쑤다.

디반에서 와디 엘무집을 지나 케락 방면으로 올라오다 보면 도로 오른쪽에 옮겨 놓은 로마 시대 이정표가 있다.

광야에 이른 아르논 건너편에 진쳤으니 아르논은 모압과 아모리 사이에서 모압의 경계가 된 것이라. 이러므로 여호와의 전쟁기에 일렀으되 수바의 와헙과 아르논 골짜기와 …… 이스라엘이 칼날로 그들을 쳐서 파하고 그 땅을 아르논부터 얍복까지 점령하여 암몬 자손에게까지 미치니 …… 헤스본은 아모리인의 왕 시혼의 도성이라 시혼이 모압 전왕을 치고 그 모든 땅을 아르논까지 그 손에서 탈취하였더라 …… 헤스본에서 불이 나오며 시혼의 성에서 화염이 나와서 모압의 아르를 삼키며 아르논 높은 곳의 주인을 멸하였도다(민 21:13-28).

이스라엘 자손이 요단 저편 해 돋는 편 곧 아르논 골짜기에서 헤르몬 산까지의 동방 온 아라바를 점령하고 그 땅에서 쳐 죽인 왕들은 이러하니라 헤스본에 거하던 아모리 사람의 왕 시혼이라 그 다스리던 땅은 아르논 골짜기 가에 있는 아로엘에서부터 골짜기 가운데 성읍과 길르앗 절반 곧 암몬 자손의 지경 얍복강까지며(수 12:1-2).

모압이 패하여 수치를 받나니 너희는 곡하며 부르짖으며 아르논 가에서 이르기를 모압이 황무하였다 할지어다(렘 48:20).

여호와께서 내게 이르시되 모압을 괴롭게 말라 그와 싸우지도 말라 그 땅을 내가 네게 기업으로 주지 아니하리니 이는 내가 롯 자손에게 아르를 기업으로 주었음이로라 …… 네가 오늘 모압 변경 아르를 지나리니 …… 너희는 일어나 진행하여 아르논 골짜기를 건너라 내가 헤스본 왕 아모리 사람 시혼과 그 땅을 네 손에 붙였은즉 비로소 더불어 싸워서 그 땅을 얻으라 …… 세일에 거하는 에서 자손과 아르에 거하는 모압 사람이 내게 행한 것같이 하라 그리하면 내가 요단을 건너서 우리 하나님 여호와께서 우리에게 주시는 땅에 이르리라 하나(신 2:9-29).

발루아

와디 엘무집 남쪽에 위치해 있는 자발 쉬한(해발 1,063m) 동쪽에 자리하고 있다. 길에서는 안 보이지만, 이곳에서 북동쪽으로 가면 발루아(Balua)가 나온다.

청동기 시대 이후 마물루크 왕조까지의 유적이 남아 있다. 발루아는 요르단 최대의 철기 시대 유적지이지만, 지금까지 남아 있는 것은 마물루크 시대에 검은색 돌을 이용하여 건축한 도시들이 대부분이다. 중세 아랍인들은 이곳을 쉬한이라고 불렀다.

1930년에 발루아 석비(약 1.7m 높이)가 발굴되었는데, BC 10∼12세기경의 것으로 모압 왕이 이집트의 두 신으로부터 호위받는 그림이 그려져 있다. 이를 통해 이곳 역시 이집트의 영향권에 있었음을 알게 되었다. 1986년에는 좀더 구체적이고 정밀한 지역 조사 발굴 작업이 이루어졌고, 얼핏 보아도 제법 규모가 큰 도시였음을 알 수 있다.

그런데 이곳까지 가는 길이 그리 쉽지 않다. 와디 엘무집에서 케락으로 가다가 골짜기를 올라와서 10km 정도 가면 왼쪽으로 '좌두아나 쉬한' 방향 표지판이 나온다. 그 표지판을 따라 왼쪽으로 방향을 틀어 마을 외곽으로 난 비포장도로를 따라 20여 분가량 들어가면 발루아 유적지가 나타난다. 아니면 엘까스르까지 간 다음 그곳에서 엘쉬마키야를 거쳐 엘발루아(바알루아)로 가면 된다. 준포장 도로와 비포장 도로를 따라 북쪽으로 올라가면 그런대로 쉽게 도착할 수 있다.

아르논강 상류에는 댐 건설로 생긴 담수호가 있다.

디반에서 케락으로 이어지는 주변 평원 지대를 보면 그곳이 참 풍
요한 땅임을 알 수 있다. 해발고도 1,000m가 넘는 이 고산 평야 지
대는 룻기 1장의 배경이 되는 모압 들녘이기도 하다. 간간이 양과 염
소를 몰고 다니는 목자들의 한가로운 풍경을 볼 수 있어 마치 그 옛
날로 시간 여행을 온 듯한 착각까지 불러일으킨다.

오늘날 모압 산지는 와디 엘무집, 와디 엘하사, 사해와 광야로 둘
러싸인 고립 지역이나, 물 공급이 원활해 땅은 비옥하다. 룻기에서도
나오미의 가족들이 가나안 땅에 기근이 들자 식량을 찾아서 모압 땅
으로 여행한 기록이 있다.

엘까스르(까스르 에르랍바) 유적지. 비잔틴 시대 건물들이 눈에 띈다.

암만에서 남서쪽으로 106km 떨어져 있으며, 아르논 골짜기를 지나서 35번 지방 도로를 따라 15km 정도 오면 나타난다.

마을 중앙에 있는 신호등에 도착하기 바로 직전에 왼쪽을 보면 신전의 흔적들이 보이는데, 이곳이 바로 까스르 에르랍바 지역(Qasr er Rabba)이다. 베이트 카름(또는 베이트 엘카름, 포도원의 집)이라는 이름으로 알려지기도 했다.

이곳에는 나바트 문명과 AD 200~350년경의 로마 시대 신전터가 남아 있다. 신전 주변에는 사람들이 작은 마을을 이루어 살고 있는데, 신전의 일부로 보이는 돌과 조각물들을 집을 짓는 데 사용하기도 하였다. 미니버스에서 내려 버스 정류장 오른쪽에 있는 고대 성터를 쉽게 찾을 수 있다.

모압 땅에서의 나오미의 애가

베들레헴을 출발하여 모압으로 향하던 나오미와 엘리멜렉의 마음은 무겁기만 하였다. 이들의 첫 번째 이민 생활이 시작되는 것이었다. 고향을 떠난 지 일주일이나 되었을까? 눈앞에 가파른 벼랑이 나타났다. 아르논 골짜기 가운데를 흐르는 강물의 소리가 급하고 격하게 들려온다. 골짜기를 넘어가는 데만도 족히 하룻길, 20km가 훨씬 넘는 여정이다. 골짜기 앞에 서서 나오미는 회한에 빠져들었다. 골짜기를 넘어 모압 땅에 들어왔을 때 해발고도가 약 1,000m나 되는 푸르른 평야 지대가 눈에 들어왔다. 얼핏 보아도 풍요한 땅임을 알 수 있었다.

그렇게 기대에 차 모압 땅에서의 이민 생활을 시작했지만, 십여 년이 넘도록 얻은 것이 없었다. 입에 풀칠은 했지만 남편을 잃고 두 아들도 잃었다. 동네 사람들은 나오미네를 가리켜 세 과부 집이라 불렀다. 여호와 하나님을 위한 제사 한 번 드리지 못했다. 오히려 그모스를 비롯한 우상 신들에게 올리는 성대한 제사를 지켜보아야만 했다. 게다가 여호와의 능력이 없으니 당신들이 이곳까지 오지 않았냐면서, 자기들 모압의 으뜸신 그모스의 크신 능력을 찬양해야 하지 않겠냐고 오히려 그들이 전도해 왔다. 기가 막혔다. 나오미는 언제부턴가 노을이 깔릴 무렵이면 서쪽 고향 하늘을 바라보면서 회한에 빠져들곤 하였다.

그러던 중에 고향의 흉년이 끝났다는 소식이 들려왔다. 반가웠지만 나오미는 망설였다. 친지들을 뵐 면목도 없었고, 앞으로 살면 얼마나 더 살겠다고 또다시 보금자리를 옮기는가 싶었다. 그렇지만 아무 낙도 없이 그대로 이방 땅에서 살고 싶지는 않았다. 드디어 출발! 그러다 아르논 골짜기에 이르렀을 때는 며느리들을 설득하여 돌려보내고자 했다. 그렇지만 룻은 따라오겠다는 뜻을 굽히지 않았다. 나오미가 두 며느리와 헤어지려고 했던 장소는 아마도 케락 지방의 아르논 골짜기 입구였을 것이다. 그렇게 둘이 하룻길은 족히 되는 골짜기를 넘기 시작했다. 나오미는 속으로 생각했다.

'지지리도 복이 없는 내 신세. 내 이름은 나오미(기쁨)가 아니라 마라(괴로움)야.'

나오미와 룻은 아르논 골짜기를 내려와 왕의 대로를 따라 마다바 근교로 가서 느보산 방향을 따라 요단강으로 내려갔다. 그곳에서 요단강을 건너(아마도 지금의 압둘라 왕 다리로 요단강 나루턱 가운데 가장 수심이 얕았던 곳이며, 베들레헴으로 가기에 가장 빠른 길이었다) 베들레헴으로 향했다. 귀향길이었지만 발걸음은 무겁기 그지없었다. 금의환향도 아니었고, 실패한 이민자로 역이민을 하는 셈이었기 때문이다. Jordan

랍바 ^{아르 랍바}

엘까스르에서 5km 정도 거리에 있다. 암만에서 113km, 케락에서 북쪽으로 12km 거리에 있는 이 작은 도시는 성경의 랍바(Rabbah)로 간단히 '아르'(Ar)라고도 부른다. 이 동네의 왼쪽 길(와디 엘무집 방향)에는 자그마한 유적지가 있다. '아르'는 모압의 모든 성읍을 가리키기도 하지만, 일반적으로는 모압 북쪽 국경 지대에 위치한 성읍을 가리킬 때 주로 쓴다(민 21:28; 신 2:18).

이곳에 살던 사람들은 "옛적에 엠 사람이 거기 거하여 강하고 많고 아낙 자손과 같이 키가 크므로 …… 모압 사람은 그들을 에밈이라 칭하"였다(신명기 2:10-11). 아시리아의 앗수르바니팔이 모압을 공격했을 때 모압의 656개 성읍들이 파괴되었다고 기록하고 있다. 로마 시대 때 다시 성읍을 이루었는데, 요세푸스에 의하면 당시 아레오폴리스(Areopolis: 그리스의 전쟁신 아레스, 로마의 마르스의 도시라는 의미)로 알려졌다.

이후 알렉산더 얀네우스에게 점령당한 뒤, 다시 나바트 왕국의 히르카누스 2세에게 빼앗겼다. 106년 트라야누스 황제가 점령하여 아라비아 주에 편입시켰고, 127년에 로마의 행정 요지로 발전하였다. 비잔틴 시대 때는 주교좌가 되기도 하였다. 2세기경 그리스 지리학자 프톨레미는 이곳을 랍바스모바(Rabathmoba)로 기록하였고, 다른 기록에는 아크로폴리스(Acropolis)로 적혀 있다.

344년 발생한 지진으로 크게 파괴되었고, 597년경 재건되었지만 전처럼 번성하지는 못했다. 아랍화된 이후, 14세기경의 기록을 보면 메카로 향하는 순례길의 주요 교통로 역할을 했음을 알 수 있다. 곳곳에 1962년 이후에 발굴된 로마 시대와 비잔틴 시대 기둥들과 신전의 자취가 남아 있다.

암만에서 35번 국도를 따라 달려가다 129km, 마다바에서 남쪽으로 65km 지점에 해발 1,050m 높이의 언덕이 있고, 그 언덕 위에 성이 있다. 성 주변이 가파른 골짜기로 둘러쳐져 있어, 고대부터 모압 산지의 방어 요새였다. 제법 큰 도시로 성경에는 '길', '길 모압', 가끔은 '길 헤레스'(Kir heres) 또는 '길 하레셋'(Kir hereseth)으로 기록되어 있다.

헬레니즘 시대에는 '카라카'(Kharaka) 또는 '카르카모바'(Kharkamoba)로 불렸으며, 로마와 비잔틴 시기에는 중요한 기독교 지역이 되었다. 페트라의 대주교는 이곳에 그의 영지를 가지고 있었다. 예루살렘 통치자들은 동요르단과의 교통로로서 이곳을 중시하였고, 발드윈 1세는 1132년에 샤우박과 예루살렘의 중간이 되는 이 지점에 성을 쌓았다. '사막의 이리'라는 별명으로도 불린 이 성에 십자군은 감시 초소를 건설했으며, 대상들은 이 성을 교역 장소로 활용했다.

케락 성

옛 요새의 한 부분과 십자군이 그 위에 다시 지은 성채의 흔적이 남아 있다. 십자군 당시에 쌓은 성벽은 거의 파괴되었지만 당시 벽돌 층들이 그대로 보존되어 있다.

강한 바람이 부는 성벽 위를 걸으며 주위를 둘러보면서 그 옛날 치열하게 벌어졌을 전투 장면을 떠올려 보는 것도 흥미롭다. 주변 정황을 고려하면 이스라엘군은 사해에서 케락으로 이어지는 왕의 도로 가운데 지역 도로를 따라 케락 성으로 진격했을 것이다. 이후 왕의 도로를 완전 차단함으로써 모압 왕이 남부 지역으로 이동할 수 없도록 고립시켰다.

케락 박물관

케락 성 안 오른쪽에 자리해 있으며, 주변 지역에서 발굴한 자그마하지만 가치 있는 유적들을 전시하고 있다. 특별히 사해 평지 성읍이나 모압 왕국의 역사를 한눈에 보고 싶다면 꼭 들르는 것이 좋다. 유적지에서 보지 못한 유물들과 지도, 도표 등을 통해 모압 지역의 역사를 한눈에 쉽게 볼 수 있다. 암만 국립 고고학 박물관보다 잘 정리되어 있다는 것도 장점이다.

전시물 가운데 메사 비문의 모조품이나 사해 주변 지역에서 나온 주거 유적은 인상적이다. 메사 비문은 1868년에 발굴된 사해 동쪽 32km에 있는 디반 지역에서 출품한 것으로 열왕기하 3장 4절의 '모압 왕 메사'와 관계있다.

"나 모압 왕 메사는 이스라엘에서 해방된 것을 기념하기 위하여 이 기념비(모압 신)를 그모스에게 바친다."

진품은 프랑스 루브르 박물관에 소장되어 있다.

케락 박물관에 있는 케락성 모형.

아들을 바친 싸움

유다 왕 여호사밧 18년(이스라엘 왕 여호람 12년)에, 모압 왕 메사가 이
스라엘로부터 독립을 선언하자 이에 격분하여 전쟁이 일어났다.

메사는 이스라엘에게 해마다 새끼 양 10만의 털과 수양 10만의 털을 조
공으로 바치고 있었다. 당시 양을 칠 때 암수 비율은 10 대 1 정도였던
것을 고려하면, 수양 10만의 털은 암양 100만 마리에 버금가는 엄청난
조공이었다.

사마리아에 수도를 둔 이스라엘이 모압을 징벌(?)하는 가장 빠른 길은
요단강을 건너 모압 지역 북방에서부터 모압을 공략하는 것이었다. 그
러나 남북 연합군 작전 회의(?)에서 유다 왕 여호사밧의 의견을 받아들
여 에돔 광야길로 가 모압 남쪽을 공격하기로 계획을 세웠다.

마침내 이스라엘군이 에돔 광야길, 즉 사해 남단 길을 이용하여 에돔
땅에 들어섰다. 에돔 광야길은 가나안 지역과 사해 성읍 지역이나 모
압, 에돔 지역으로 가는 가장 쉬운 지역 도로 가운데 하나였다. 우선 남
북 이스라엘 연합군은 왕의 대로를 따라 모압 성으로 진격해야 했다.
그러나 에돔과 모압 사이에는 세렛강이 국경을 이루고 있었다. 연합군
이 모압을 치러 온다는 소식을 듣고 모압 왕은 모든 장정을 소집하여
경계 지역(와디 엘헤사:세렛강과 왕의 대로가 만나는 주변 지역)에 배치시
켰다.

한편, 남북 연합군은 출진 7일 만에(남북 이스라엘 연합군이 출진한 지 7
일로 보인다) 물이 고갈되어 낭패를 겪었다. 그러나 엘리사 선지자는 위
기를 기회로 삼았다. 연합군 진지 주변 골짜기를 깊이 파자 아침 무렵
에 그곳에서 물이 흘러나왔다. 아침 햇살에 붉게 빛나던 물을 피로 오
인한 모압 군대는 연합군을 공격했다. 세렛강을 넘어 에돔 지역으로 남
진한 것이다. 그러나 전황을 오인했으니 패배를 피할 수 없었다. 전세
는 연합군 쪽으로 기울었고, 모압의 도시는 하나둘씩 함락되다가 마침
내 모압의 요새 길하레셋 성도 포위되었다. 이제 모압 북쪽 도시가 무

너지는 것은 시간문제였다. 모압 왕국의 경우, 남쪽 지역부터 북쪽 지역이 더 좋은 땅이었다. 곡창 지대였고, 목축의 중심지였다. 모압 왕은 심각한 선택을 해야 했다.

"모압 왕이 전세가 극렬하여 당하기 어려움을 보고 칼 찬 군사 칠백을 거느리고 충돌하여 지나서 에돔 왕에게로 가고자 하되 능히 못하고, 이에 자기 위를 이어 왕이 될 맏아들을 취하여 성 위에서 번제를 드린"것이다(왕하 3:26-27).

모압 군사들은 왕세자의 죽음을 보고 격분하여 일어났고, 그들의 반격 기세에 이스라엘 원정군은 그만 주눅이 들고 말았다. 결국 전세는 역전되어 모압은 성을 지키는 데 성공했고, 연합군은 흩어져 각각 고국으로 돌아갔다. Jordan

갈릴리 호수
시리아
이라크
지중해
요단강
암만
사해
이스라엘
도벨
셀라
보스라
아라바 광야
광야길
사우디아라비아
이집트
홍해

10

'왕의 대로'로 번성한 왕국 에돔

에돔 왕국은 요르단 최남단 지역으로 세렛강과 홍해가 각각 남북의 경계를 이루고 있다. 에돔 왕국 탐사에서는 세렛강과 같은 자연 지형은 물론 행정수도 보스라와 종교수도 셀라, 그리고 도벨(따피일레)이나 욕드엘(페트라 주변) 같은 주요 도시들을 살펴보아야 한다.

이스라엘은 에돔을 에서의 후손으로서 가깝게 생각하기도 했지만, 한편으로는 적으로 미워하기도(민 20:14-21; 암 1:11-12; 렘 49:7-22) 했다. 요단강 동서 지역이 그리스, 로마에 점령당했던 시기에도 이곳 와디 엘헤사(세렛강) 남쪽 지역은 아랍 나바트 왕국의 독립된 영토로 남아 있었다.

에돔 왕국은 왕국 중심부에 속하는 에돔 지역과 이후 영토 확장에 의해 복속된 세일산 지역으로 크게 나뉜다. 모압의 남쪽 경계로부터 홍해까지 이르는 요르단 남부를 가리킨다. 요단강 동편에 위치하며 북쪽 경계는 세렛강(Wadi el-Hasa), 동쪽은 아라비아 사막, 남쪽은 에시온게벨(엘랏)이며, 서쪽 경계는 아라바 광야이다. 때때로 이스라엘의 경계에 따라 에돔의 북쪽과 서쪽 경계가 바뀌기도 하였다(민 34:3, 20:16).

철기 시대 요단강 동편 지역에 있었던 모압, 암몬, 에돔 세 왕국 가운데 가장 규모가 크고 강대한 나라였다. 와디 엘헤사(세렛 시내)와 와디 히스마(와디 람 북쪽)를 경계로 형성되었고, 뒤에 와디 아라바 서편 지역까지 확장되었다.

고고학 자료를 보면, 에돔 지역의 일반 백성들은 BC 7세기에 이르도록 대부분 유목 생활을 했다. 에돔의 산악 지형이 아닌 수자원이 풍부한 평야 지역을 중심으로 잘 조직된 정착 농경 문명이 형성된 것은 후대의 일이다. 후에 토착 아랍인인 나바트인들이 그 문화와 전통을 계승한 것으로 보인다.

요새와 같은 지역적인 특성 때문에 에돔 지역은 자주 도피처로 이용되었다. 한편 일부 고원 지역은 넓은 초지를 형성하여 목축에 적당하였고, 고대로부터 무역로로 이용되었는데, 이 도로가 바로 '왕의 대로'다. 왕의 대로는 미디안 지역(사우디아라비아 쪽)과 동부 아프리카를 연결함으로써 국제 무역을 가능케 하는 에돔의 가장 중요한 수입원이었다.

이곳의 토양은 주로 석회암(Limestone)과 붉은 사암(Nubian sandstone) 층으로 형성되어 있는데 화산암도 종종 눈에 띈다. 산악 지대는 깊은 계곡과 깎아지른 듯한 절벽으로 이루어져 있으나, 그래도 몇몇 골짜기에는 밀과 포도, 무화과나 석류, 감람나무들이 자랄 수 있는 기름진 농경지가 있다.

언어는 인근의 다른 셈어와 유사하다. 종교적으로는 까우스(Qaus)라는 신의 이름만 전해질 뿐 정확한 내용은 밝혀진 바 없다.

세일산

세일산은 에돔 자손이 주로 거하였던 장소이다. 에돔 지역과 세일산을 혼동해서는 안 된다. 에돔 지역의 또 다른 이름이 세일산이라고 생각하는 것은 잘못이다. 에돔 왕국은 에돔 지역과 세일산 지역을 통치했다. 출애굽 당시 에돔은 에돔 지역 외에 아라바 광야 서편의 마크테쉬가 있는 오늘날의 네게브(성경에서의 남방) 지역에 있는 신광야 세일산 지역도 통치했던 것으로 보인다.

세일산은 남북으로 길게 늘어져 있는 산맥으로, 해발 1,300~1,700m에 이르는 산지로 구성되어 있다. 산세는 남쪽으로 가면서 더욱 높고 험해지다가 에일라트(엘랏)가 있는 곳에서 홍해와 이어진다.

신약 시대 이두매(Idumea) 지방

구약의 에돔 지방을 헬라화하여 부른 이름이다. 이집트 이름으로는 아두마로, '붉다'는 의미가 있는 에돔에서 파생되었다. 오늘날의 지정학적 구분으로는 사해 남단의 이스라엘과 요르단을 포함하고 있다.

이두매 지방은 이집트의 프톨레미 왕조(BC 3세기)의 지배를 받으면서 이집트의 해외 전초 행정 본부 역할을 담당하였다. BC 163년에는 셀루시드 조르지아스(Seleucids Gorgias) 장군의 통치를 받으면서 정비, 확장되었다. 헤롯이 통치하던 때에 이두매 사람들이 왕실 친위대의 핵심 세력을 이루었다. 헤롯 왕이 이 지역 출신이라는 것이 크게 작용한 듯싶다. 헤롯 왕은 자신이 정통파 유대인이 아닌 까닭에 자신의 힘을 과시하기 위하여 수많은 궁궐을 지었고, 유대인들의 환심을 사기 위하여 성전(헤롯 성전)을 짓기도 하였다.

> 유대와 예루살렘과 이두매와 요단강 건너편과 또 두로와 시돈 근처에서 허다한 무리가 그의 하신 큰 일을 듣고 나아오는지라(막 3:8).

도벨 엣따피일라

암만에서 197km 지점이다. 케락과 따피일라(Tafilah)를 연결하는 35번 국도(중앙 도로, 왕의 대로)를 따라 이동하면서 와디 엘라반을 거쳐 한참 올라가면 된다.

성경에는 도벨 지역으로 언급되는데, 십자군 시대 성채의 흔적이 남아 있으며, 시내 중심에 있는 아프라 호텔을 왼쪽으로 끼고 조금 지나서 오른쪽으로 돌면 고대 망대가 서 있다. 망대 뒤로 보이는 사해 풍경이 아주 인상적이다.

이는 모세가 요단 저편 숲 맞은편의 아라바 광야 곧 바란과 도벨과 라반과 하세롯과 디사합 사이에서 이스라엘 무리에게 선포한 말씀이니라(신 1:1).

페트라 산지 전경.

셀라 엣씰라

에돔의 고대 도시 셀라는 에돔의 종교 중심지로, 고대 수도였던 보스라(부세이라) 인근에 자리하고 있다. 요르단 현지 지명으로 엣씰라아(As Sela'a)이다. 알칸다끄 골짜기에 자리한 셀라 유적지는 해발고도가 800m 정도인데, 사면이 험준한 바위 절벽으로 둘러싸여 있다. 해발 고도가 −300m 정도인 아라바 광야에서부터 가파른 바위 산지가 형성돼 있으므로 실제 고도는 1,100m가 넘는다. 그러나 정상에 오르면 그래도 완만한 넓은 공간이 펼쳐져 있다. 에돔 왕국 시대 제단터가 많이 남아 있으며, 나바트인들이 유적지 일부를 무덤과 신전, 창고 등으로 다시 사용한 흔적이 보인다.

나바트 왕국 시대에는 무역의 중심지 역할을 했으며, 초기 청동기 시대부터 철기, 나바트 시대를 이어 가면서 지정학적 요충지로 요긴하게 사용되었다. 이슬람 시대 토기 등이 발굴되긴 했지만, 이슬람 문명 자체의 흔적은 찾아보기 어렵다. 정상 부분에 아시리아어로 된 암벽 비문이 있는데, 마모가 심해서 그것이 비문인지조차 확인하기가 어렵다.

산꼭대기로 올라가는 길은 700계단 정도 된다. 중간중간 돌계단이 유실되어 있는데, 요르단 정부에서 계단 일부를 보수해 놓은 덕에 정상까지 오르는 데는 큰 어려움이 없다. 계단을 따라 올라가다 보면 둥글게 파 놓은 물 저장소가 눈에 띈다. 도시가 산꼭대기에 있는데 굳이 왜 성 밖, 그것도 진입로 중간중간에 물 저장소와 댐을 만들어 두었을까? 이것을 두고 나바트인들의 수공 전략의 일환이라고 설명한다. 즉, 적들이 쳐들어올 때 댐을 무너뜨리고 물 저장소를 터뜨리면 그 물이 흘러가면서 매끄러운 바위를 적시고, 물에 발이 젖어 무거워지면 적들이 쉽게 정상에 도달할 수 없다는 것이다. 한편 유대 왕 아마시야(BC 796~781년)는 이곳에서 에돔 포로 1만여 명을 절벽으로 떨어뜨렸다(대하 14:7).

셀라는 에돔의 수도였던 보스라에서 10km 남동쪽 기슭에 자리하고 있었다. 일부에서는 셀라 유적지가 페트라 지역에 있는 움므 알비야라고 주장한다. 그러나 이 주장의 맹점은 에돔의 수도 가까이서 앞서 언급한 사건이 발생했다고 기록한 성경의 내용과 일치하지 않는 점이다. 게다가 페트라는 이 지역에서 90km 이상 떨어져 있다.

이곳에서 발굴 작업을 한 무타 대학(요르단 중부 지역 소재)의 1994년 발표 내용을 보면 셀라 유적의 원형을 상상해 볼 수 있다. 발굴 보고서에 보면 크기가 2~3m 정도 되는 벽면 부조상 이야기가 나온다. 대표적인 것이 원뿔형의 두건을 쓰고 오른쪽 손에 긴 지팡이를 들고는 초승달과 별을 가리키는 부조 인물상으로, 주변에는 쐐기문자로 기록된 암각 비문이 있었다. 여러 가지 정황으로 미루어 보건대, 인물상의 주인공은 바벨론의 왕 나보니두스(BC 555~539)로, 에돔을 점령한 왕이 아닐까 생각한다. 그의 승리의 비문을 이 암벽에 새겨 놓은 것이다. 그러나 지금은 더욱 훼손되어 그런 정황을 파악하기가 거의 불가능하다.

산 정상에는 다양한 동굴과 암벽 조각 흔적들이 남아 있다. 동굴을 보면 일부는 대상들의 무역품을 저장하던 창고로, 일부는 집으로, 일부는 무덤으로 활용했다. 무덤과 창고, 가옥이 형태나 구조 면에서 큰 차이가 없었다. 유적지 서편 끝자락에는 아주 잘 보존된 산당들이 있다. 에돔 사람들은 산당에서 그들의 신에게 제사를 드렸다. 관심이

셀라 전경. 산꼭대기는 에돔 시대의 산당들은 물론이고 나바트 신전 흔적들이 넘쳐 난다.

가는 부분은 에돔에는 신전 문화가 눈에 띄지 않았다는 점이다. 출애굽 당시 모압 왕 발락이 발람을 초청하여 산당에서 제사를 드렸지만, 이후 모압 왕국에는 신전 문화가 없었던 것으로 보인다.

두 번째 산당 뒤편으로 와디 엘 아랍 산지가 눈에 들어온다. 셀라 주변은 모두 험준한 바위산으로 구성되어 있다. 꼭대기 곳곳에 있는 에돔 시대 산당을 본다는 것만으로도 셀라를 방문한 가치는 충분하다.

셀라는 산성으로 되어 있다. 누가 이곳에 도시 문명이 있다고 생각할 수 있을까? 알고서 찾아가는데도 '정말 있기는 한 걸까?' 하는 의구심이 들 정도였으니 말이다. 셀라는 성경에 두 번씩밖에 기록이 없다.

> 아마샤가 염곡에서 에돔 사람 일만을 죽이고 또 셀라를 쳐서 취하고 이름을 '욕드엘'이라 하였더니 오늘까지 그러하니라(왕하 14:7).
> 아마샤가 에돔 사람을 도륙하고 돌아올 때에 '세일' 자손의 우상들을 가져다가 자기의 신으로 세우고 그 앞에 경배하며 분향한지라(대하 25:14).

성경 기록 외에 셀라가 역사에 처음 언급된 것은, 외눈박이 안티고누스가 나바트 왕국을 공격한 기록에서다. 나바트인들은 그들의 소유물을 벼랑 꼭대기에 저장해 두고 인근 보스라 지역에서 거래하곤 했다. 디오도루스의 기록에 따르면, 당시 1만여 명의 나바트인들이 셀라에 살았다. 그들은 (로마)군들이 물건을 챙겨 사라진 직후 한 시간쯤 뒤에 다시 돌아와 재정착했다. 디오도루스는 이 사건이 벌어진 장소를 사해에서 약 55km 떨어진 곳이라고 말하는데, 바로 셀라의 위치와 일치한다.

스트라보(Strabo XVI. 4.26)는 이렇게 적고 있다.

"나바트인들의 중심 도시는 셀라다. 이름에서도 알 수 있듯이 이 도시는 높고 평탄한 위치에 세워져 있지만, 도시 주변 전체는 깎아지른 듯하고 가파르기만 한 거대한 바위 벼랑들로 요새화되어 있다. 도시 안쪽에는 풍부한 샘이 있어 생활용수는 물론 정원수도 충분했다."

전통적으로 역사가들은 이 기록에 등장하는 장소를 페트라로 평가해 왔다. 그러나 지리적인 특성이나 도시에 대한 세부적인 기록을 보면 셀라 지역을 언급하는 것임에 분명하다. 페트라 지역이 요새의 성격이 강하기는 했지만, 그 주변 지역은 가파른 암벽 산지가 아닌 데다 샘도 풍부하지 않았다. 페트라는 대부분의 물을 페트라 도시 밖에서 수로 등을 통해 끌어다 써야 했다.

> 누가 나를 이끌어 견고한 성에 들이며 누가 나를 에돔에 인도할꼬(시 60:9).
>
> 주는 나의 무시로 피하여 거할 바위가 되소서 주께서 나를 구원하라 명하셨으니 이는 주께서 나의 반석이시요 나의 산성이심이니이다(시 71:3).

셀라 정상 언덕에 자리한 에돔 왕국의 산당.

페트라 유적지의 에돔 산당으로 올라가는 산비탈길. 900여 개의 계단길이
이어진다. 에돔 시대에 자연 바위를 깎아 만든 돌계단 길이 남아 있다.

35번 국도와 보스라의 북동쪽 방향에 있는 아인 엘우부르 지역이
다. 고원을 향하여 조금 올라가야 한다. 오봇(Ophrah)은 출애굽 여정
에 한 번 등장한다.

> 이스라엘 자손이 진행하여 오봇에 진쳤고 오봇에서 진행하여 모압
> 앞 해 돋는 편 광야 이예아바림에 진 쳤고 …… 부논에서 발행하여
> 오봇에 진쳤고 오봇에서 발행하여 모압 변경 이예아바림에 진쳤고(민
> 21:10-11, 33:43-44).

에돔 왕국의 수도 보스라

따피일라 남쪽으로 4km 정도 가면 길 오른쪽에 아카바와 고르 피
다로 연결된다는 도로 표지판이 서 있다. 암만과 아카바를 연결하는
새로 닦은 고속도로로, 이 길을 따라 14km 정도 가면 왼쪽에 부세이
라(Buseirah)를 가리키는 도로 표지판이 나타난다.

사해에서 남동쪽으로 45km, 왕의 대로를 따라 와디 다나에서
4km 거리에 있으며, 페트라 북쪽에 위치해 있다. 이곳에 있는 작은
아랍 마을은 고대 에돔 왕국의 수도였던 보스라 유적지다. 해발고도
1,100m이며, 유적지 규모는 520×200m 정도로 에돔 시대 거대한
건물의 잔재가 남아 있다. 한때 에돔 왕국의 수도(창 36:33; 암 1:11-12)
였던 부세이라는 에돔의 상징(사 34:5-12, 63:1)이었다. 왕의 대로를 통
제할 수 있었던 지리적인 특성으로 인해 발전할 수 있었다.

보스라가 에돔 시대의 주요 성읍 가운데 하나였다는 증거는, 고대
나바트 아크로폴리스에서 발굴된 에돔 방식의 아시리아 궁전과 나바
트 신전의 터로 인해 알 수 있다. 남쪽 중앙에 전형적인 나바트 문양
으로 장식된 개선문이 남아 있다. 남쪽과 동쪽에서 빗물 저장에 사용

했을 것으로 보이는 두 개의 큰 저수조가 발굴되었다. 이외에 철기 시대 이후에서 비잔틴 시대에 이르는 역사적 유적들도 남아 있다.

1970년대 후반, 와디 하마이데(Wadi Hamaydeh) 지역을 중심으로 진행된 발굴 작업을 통해 당시 번성했던 흔적을 엿볼 수 있다. BC 9세기경 지어진 진흙 벽돌로 만들어진 성의 윤곽도 남아 있다.

AD 106년, 나바트 왕국이 병합된 이후 새 보스트라(Bostra, 보스라)가 건설되었고, 신도시와 구도시를 잇는 두 개의 열주로(colonnaded streets)를 새로 냈다. 남쪽 열주로의 교차 지점에는 또 다른 개선문을 세웠는데, 이 개선문과 원형극장을 연결하는 작은 열주로가 있었다. 3만여 명을 수용하는 마차 경주장이 성 바깥에 건설되었다. 성 안에는 큰 규모의 상가 건물과 두 개의 대중목욕탕이 만들어졌다. 또한 대성당과 다른 교회당도 건축했다.

에돔 왕국의 수도 보스라 전경. (사진 중앙의 언덕).

여호와께서 가라사대 에돔의 서너 가지 죄로 인하여 내가 그 벌을 돌이키지 아니하리니 이는 저가 칼로 그 형제를 쫓아가며 긍휼을 버리며 노가 항상 맹렬하며 분을 끝없이 품었음이라 내가 데만에 불을 보내리니 보스라의 궁궐들을 사르리라(암 1:11-12).

나 여호와가 말하노라 내가 나로 맹세하노니 보스라가 놀램과 수욕거리와 황폐함과 저줏거리가 될 것이요 그 모든 성읍이 영영히 황폐하리라 …… 그런즉 에돔에 대한 나 여호와의 도모와 데만 거민에 대하여 경영한 나 여호와의 뜻을 들으라 …… 보라 원수가 독수리같이 날아와서 그 날개를 보스라 위에 펴는 그날에 에돔 용사의 마음이 구로하는 여인 같으리라(렘 49:12-22).

샤우박

샤우박(쇼우박)은 암만에서 남쪽으로 257km 떨어져 있다. 1115년에 시리아 다마스커스와 이집트 카이로 지역을 다스리던 발드윈 1세가 리알레(Reale)산으로 알려진 샤우박 성을 세웠다. 1189년에 살라딘이 점령했고, 13세기 이슬람 마물루크 왕조 때에 재건했다. 오늘날은 성벽의 흔적만이 겨우 남아 있을 뿐이다.

샤우박 성. 주변이 깊은 협곡으로 둘러싸인 천연 요새였다.

왕의 대로에서 샤우박 성(깔라아 엣 샤우박)으로 들어가려면 도로변의 작은 마을에서 북쪽으로 4km 정도 들어서야 한다.

마안 마온

암만에서 남쪽으로 216km 지점에 있으며, 해발 1,080m 되는 사막 지역에 형성된 큰 도시다. 한국의 대전 정도 되는 교통 요지로, 최고 온도가 무려 45도나 된다.

이슬람 전통에 의하면, 아랍 선지자 슈와이브(모세의 장인 이드로를 일컫는다)가 세운 도시로 알려져 있으며, 이슬람 역사에는 칼리프 엘왈리드 2세가 거주한 도시로 기록돼 있다.

마안 지방은 북쪽으로는 와디 엘 피단에서 남으로는 아카바 만에 이르는 넓은 지역이다. 이 지방의 주요 도시로는 마안과 아카바 등의 행정 도시가 있고, 그 밖에 리와, 나히야, 샤우박, 와디 무사 등의 작은 도시가 있다.

> 또 시돈 사람과 아말렉 사람과 마온 사람이 너희를 압제할 때에 너희가 내게 부르짖으므로 내가 너희를 그들의 손에서 구원하였거늘(삿 10:12).
>
> 그 후에 모압 자손과 암몬 자손이 몇 마온 사람과 함께 와서 여호사밧을 치고자 한지라(대하 20:1).

🔍 **TIP** 슈와이브: 모세의 장인 이드로를 지칭하는 것이라고 이슬람 전통은 설명한다. 요르단 근교 와디 슈와이브 지역에 그의 무덤이 자리한다.

광야 생활의 여정, 와디 다나

왕의 대로를 따라 남쪽으로 계속 내려가면 오른쪽에 다나 캠프행을 알리는 작은 표지판이 나온다. 와디 다나는 요르단의 최고 야영 지역이자, 최고 자연 관찰 지역으로 손꼽힌다. 이곳에는 다나 국립공원도 있다.

다나 자연 보호 야영지

3월 1일~10월 31일 사이에 개방한다. 사전에 예약해야 한다. 식사도 주문할 수 있고, 천막이나 매트리스, 담요 등도 빌릴 수 있다. 4인용 텐트의 경우 14요르단디나르다. 부엌이나 세면장 시설도 깨끗한 편이다. 차는 야영장 구역 안에 들어오지 못한다. 야영장까지는 주차장과 야영장을 연결하는 셔틀버스를 이용할 수 있다.

와디 다나.

아라바 광야 와디 아라바

'아라바'는 '거친 들'이라는 뜻이다. 사해 남단에서부터 아카바까지 150km에 이르고, 폭이 네게브 사막에서부터 동쪽 에돔 지역까지 10~30km에 이르는 골짜기가 와디 아라바(Wadi Araba)이다. 연중 강수량은 20~30mm밖에 되지 않는다.

고대 기록을 보면, 와디 아라바를 중심으로 수많은 전쟁이 있었다. 이유인즉, 지형적인 특성 때문에 풍부한 물과 구리 광산이 늘 문제였던 것이다.

시간 여유가 있고, 힘이 닿는다면 이 골짜기를 따라 여행해 보기를 권한다. 아카바에서 암만으로 오는 길에 아라바 광야를 따라서 사해 도로를 이용하는 것도 괜찮다. 아라바 광야 지형이 수시로 변하는 것도 볼 만하고, 회오리바람이 광야에 기둥처럼 서 있는 장면도 인상적이다.

일부 학자들은 출애굽한 이스라엘 백성이 가데스 바네아 정탐 보고대회가 실패로 끝나고 그 대가로 광야길로 돌이켜야 했을 때, 세렛 시내(와디 엘헤사)를 건너기까지 이 주변에서 살다가 광야길을 따라 북상하였다고 보고 있다.

> 이스라엘 자손이 요단 저편 해 돋는 편 곧 아르논 골짜기에서 헤르몬 산까지의 동방 온 아라바를 점령하고…… 또 동방 아라바 긴네롯 바다까지며 또 동방 아라바의 바다 곧 염해의 벧여시못으로 통한 길까지와 남편으로 비스가 산록까지며…… 곧 산지와 평지와 아라바와 경사지와 광야와 남방 곧…… 북으로 아라바 맞은편을 지나 아라바로 내려가고(수 12:1-8, 18:18).
>
> 네 눈을 들어 자산을 보라 너의 행음치 아니한 곳이 어디 있느냐 네가 길가에 앉아 사람을 기다린 것이 광야에 있는 아라바 사람 같아서 음란과 행악으로 이 땅을 더럽혔도다 …… 유다 왕 시드기야와 모든 군사가 그들을 보고 도망하되 밤에 왕의 동산길로 좇아 두 담 샛문을

통하여 성읍을 벗어나서 아라바로 갔더니 …… 갈대아인이 그 성읍
을 에워쌌더니 성벽을 깨뜨리매 모든 군사가 밤중에 두 성벽 사이 왕
의 동산 곁문 길로 도망하여 아라바 길로 가더니(렘 3:2, 39:4, 52:7).

부논 페이난; 키르벳 페이난

와디 다나에서 서쪽으로 더 가면 키르벳 나하스 남서쪽에 있는 와
디 페이난(Wadi Feinan)이 나온다. 페이난은 '광갱'(鑛坑)이라는 뜻으
로, 해발 −270m에 위치해 있으며, 성경(민 33:42)에는 부논으로 나온
다. 에일랏에서 북쪽으로 25km, 왕의 대로에서 동남쪽으로 8.5km
떨어져 있다.

풍부한 물과 비옥한 경작지를 보면, 이 지역이 예전에 얼마나 중요
한 곳이었는지 금세 알 수 있다. 청동기 시대 이래로 큰 규모를 갖춘
구리광과 제련소가 있었다. 로마 시대에는 피논(Finon) 또는 파이논

(Fainon)으로 불렸고, 로마군이 주둔하여 이 지역을 지켰다. 비잔틴 시대에는 피아노(Phiano)로도 알려졌으며, 당시 이곳에 주교좌가 있었다.

유세비우스는 페트라와 소알 지역 광산업의 중심지로 이 지역을 언급하고 있다. 또한 히에로니무스는 이 지역에서 죄수들을 동원하여 금속을 채광했다고 기록했다. 고고학적 발굴 작업을 통해서도 이 지역에 초기 청동기 시대부터 철기, 로마, 비잔틴 시대를 거쳐 오면서 채광 활동이 있었음이 확인되었다.

사막길.

갈릴리 호수

시리아

이라크

지중해

요단강

암만

사해

이스라엘

요르단

사우디아라비아

이집트

페트라

아카바

홍해

바울과 함께 가는 **나바트 왕국**

Qasr adh Dharih

요르단을 방문하기 전에는 대부분 나바트 왕국의 존재에 대해 잘 모른다. 성경에 등장하는데도 로마 제국의 그늘에 가려 이 지역을 제대로 보지 못했기 때문이다. 나바트 문명을 이해하면 나바트 왕국의 아레다 왕이 보낸 방백들을 피해 도망가야 했던 바울의 행적도 새롭게 느껴질 것이다.

나바트 문명은 에돔 문명의 후신이다. 다만 나바트 왕국을 따로 살펴보려는 것은 신구약 중간 시대는 물론이고, 바울 당시의 정황을 살펴보는 데 나바트 왕국이 핵심 역할을 하기 때문이다.

나바트 왕국의 영토는 에돔 왕국의 영토였던 아라바 광야 동편 에돔 지역과 세일산 지역을 넘어섰다. 북으로는 멀리 시리아 다메섹까지, 동으로는 사우디아라비아와 남으로 예멘에 이르는 넓은 지역이었다. 에돔 왕국에서 보스라가 행정수도로, 셀라가 종교수도로 기능했던 것처럼 나바트 왕국에서 정치·경제·종교와 문화가 어우러진 종합적인 수도 역할을 담당한 것은 페트라였고, 따로 키르벳 엔탄누르가 종교 중심지 역할을 담당했다.

나바트 왕국의 역사는 BC 400년에 시작되어 AD 160년경에 끝난다. BC 1∼AD 1세기에 팔레스타인과 주변 국가들 사이에서 중요한 역할을 했던 아라비아인들을 일컬어 '나바테아인'이라 부른다.

구약과 신약에서 이들을 직접 언급하지는 않으나 이들과 관계있는 기록은 있다. 바울이 다메섹에서 아레다 왕 4세(Aretas 4)의 방백이 그를 잡으려고 하자 간신히 도망쳐 온 사실을 이야기하는 부분이다(고린도후서 11장 32절에서 일어난 사건에 대한 약간 다른 설명이 사도행전 9장 23−25절에 나온다).

또한 바울이 아라비아로 갔다가 다메섹으로 되돌아갔다고 기록한 부분이다(갈 1:17). 여기서 말하는 아라비아는 아라비아 반도가 아니라 나바트인들의 영토를 뜻한다.

BC 85년에는 자유도시 다메섹 시민들이 아레다 3세를 통치자로 초청하기도 했다. 나바트인들은 폼페이우스가 그 도시를 점령한 BC 65년까지는 세력을 유지하고 있었다. AD 37년경 칼리굴라가 나바트인들에게 다시 그 도시를 주었으므로 AD 54년경 네로의 통치가 시작될 때까지 그들은 계속 남아 있었다. 이후 나바트 왕국은 북부와 남부로 나뉘었다. 남부 지방에는 많은 나바트인들이 살고 있었는데 북부 지방과의 경계는 마다바(Medeba)를 거쳐 동으로 이어진 하나의 선으로, 동쪽으로는 바이르(Bayir) 샘까지 이르는 지역이었다. 한편 북부 지방에는 나바트의 통치자들이 거주했다.

남부와 북부 지방은 팔레스타인의 동부 사막에 있는 와디 시란(Wadi Sirhan)이라는 상업로로 연결되었으며, 이 길은 나바트인들이 통제했다. AD 106년, 라벨 2세가 죽자 트라야누스는 모든 나바트 왕국을 합병했다. 아마도 파르티아와의 전쟁을 계획하면서 남부 측면을 보호하기 위해서였을 것이다. 이후 그들의 번영은 잠시 더 이어졌지만, 합병된 이후 나바테아는 다시 독립하지 못했다.

AD 244~249년까지 로마를 통치했던 황제 필립은 나바트인일 가능성이 크다. 왜냐하면 그는 하우란(Hauran)의 보스트라(Bostra)에서 태어났기 때문이다. 그러나 세월이 지난 뒤에도 독립을 얻지 못한 데다가 로마 제국에 닥쳐온 재앙이 그들에게 큰 영향을 끼치게 되어 나바트인들은 그들의 동질성을 잃어버린 채 그 지방 다른 주민들 속에 동화되고 말았다.

키르벳 엣탄누르

해발 550m 높이 자발 엣탄누르에 있는 나바트 신전 지역이다. 와디 엘헤사(세렛강)와 와디 엘아반 사이에 있는 이 산봉우리는, 페트라에서 70km 정도로 떨어져 있으며 왕의 대로 가까이 자리하고 있다.

신전은 1937년에 발굴되었으며 40×48m의 크기로, 산 정상 평평한 땅에 세워져 있다. 나바트 이전 에돔 왕국의 신전 자취는 전혀 남아 있지 않다.

발굴 결과 BC 1~AD 2세기 초반에 이르는 문명의 흔적을 발견했다. 이곳에 세워졌던 신전은 지진으로 파괴되었고, 이후에 폐허화되었다가 비잔틴 시대에 일부 지역을 재활용했다.

까스르 엣다리

와디 라반은 주변에 풍성한 물 샘이 있어서 나바트 시대 문명의 자취가 많이 남아 있다. 와디 라반 가까운 곳에 풍성한 수원지가 있고, 그곳에 나바트인들의 성소가 있었다. 이것이 까스르 엣다리다. 키르비트 탄누르의 기록에 의하면 이 성소는 BC 7년경에 만들어졌다. BC 1~AD 4년 사이에 번성했던 것으로 보인다.

와디 라반의 다리를 지나면서 와디 동쪽 언덕에 까스르 엣다리 표지판이 보인다. 대략 4km 정도 거리에 있다. 다리를 건너자마자 좌회전해서 곧 다시 우회전한다. 올리브 나무 숲을 따라 언덕을 올라가면 왼쪽으로 유적지가 나온다. 와디 라반을 바라다보는 전망 좋은 곳에 나바트인들의 신전이 있다.

경계를 표시해 주는 지계석.

Jordan 2

사막길과 '아라비아의 로렌스'

광야길 사막길

아카바에서 암만으로 가는 가장 빠른 길로, 거리는 316km 정도이며, 대략 5시간 소요된다. 사막길(The Desert Highway)의 일부 루트는 출애굽 여정과 일치한다. 특히 케락 가까운 사막길을 경유하여 와디 엘무집 상류 부근을 연결하는 도로는 이스라엘 백성의 우회로라고들 한다.

이 사막길은 고대 무슬림들의 메카 성지 '순례의 길'이기도 하다. 아프리카 쪽에서 메카 순례를 갈 때 중요한 교통 요지였던 주르프 엣다르위쉬'(Jurf ed Darwish)를 지나 와디 엘하사, 까뜨라나, 라준(Lajjun), 케락, 아디르(Adir), 까스르 함맘(Qasr Hammam), 까스르 엣다바(Qasr ed Dab' a), 지자(Jiza), 까스르 엘무샷따(Qasr el Mushatta), 까스탈(Qastal)을 거쳐 암만에 이르게 된다. 이 지역에는 그리 크지 않은

328

광야길.

성채들이 잘 보존되어 있다.

와디 람 ^{와디 룸}

요르단에서 밤에 별이 가장 많이 보이는 곳이다. 그야말로 '별이 쏟아지는 와디 룸'(Wadi Rum)이다. 일부에서는 이스라엘 백성이 세렛 강을 건너기까지 와디 람(Wadi Ram) 사막에 머물렀다고들 한다. 그러나 전체적인 출애굽 여정을 보건대 맞는 이야기는 아니다.

사막 고속도로(아카바-암만)를 따라 북진하다 보면 아카바 북동쪽 35km 지점에 화려하고 멋진 길이 펼쳐져 있다. 사막길을 따라 이어지는 지역 가운데 가장 빼어난 경관을 자랑한다. 사막의 진풍경을 맛보지 못한 이들이라면 도전해 보라.

요르단 군대 낙타 부대가 낙타 여행단을 조직하기도 하는데, 천막을 비롯한 필요한 자재는 제공해 준다. 사막 풍경이 매우 아름다우므로, 사막 사파리 팀에 참여하면 좋은 경험이 될 것이다.

아라비아의 로렌스
(Lawrence of Arabia)

본명 콜로넬 토마스 에드워드 로렌스로, 1888년 부유한 영국 가정에서 태어났다. 대학에서 고고학을 전공하고 1909년, 1910년 시리아와 팔레스타인 지역에서 진행되는 고고학 발굴 작업에 참여하고자 이 지역을 찾았다. 젊은 고고학도는 이내 베드윈 복장에 익숙해지고 지역 분위기와 문화에 쉽게 동화되었다.

제1차 세계대전이 발발하자 카이로에 본부를 둔 정보 부대 일원이 되고, 1915년에는 중동 군사 문제 및 정치 문제 전문가로 부상한다. 그는 줄곧 아랍인들의 궁금증에 대한 그의 생각을 옮겨 적었고, 이것이 영국 정보부에 전달되었다. 그의 생각은 아랍 혁명의 원인을 제공하였고, 프랑스의 시리아 등에 대한 외교 정책에 반기를 들었다.

그는 아랍 순니 정부를 세운 것과 터키에 대항하여 승리를 거둔 것으로 명성이 높다. 1918년 10월 '사막의 폭동'이 발발하는데, 로렌스를 전설로 만든 일대 사건이다. 그는 에미르 파이잘 편에 서서 아랍 폭동의 영웅으로, 영국 장군 알렌비의 영웅으로 탄생하였다. 로렌스는 아카바를 점령하였고, 오토만 터키 제국의 마지막 저항을 봉쇄하면서 다마스커스에 진입하였다. 이때 시리아가 아랍 영국 연합 체제에 합류했다. 영국에서 벌인 평화 회담에서도 그는 생각을 고수하였고, 하심 가문의 특별한 대리인으로 기여하였다. 1921년 로렌스와 처칠이 함께 참여한 카이로 평화 회담이 끝난 후, 그는 트란스 요르단의 에미르 압둘라 1세 – 현 국왕 압둘라 2세의 증조부 – 를 도와 새로운 국가의 초석을 다졌다. 물론 영국 정부의 파견으로 이뤄졌다. 이때 그의 기초 작업을 시작하는데,《지식의 일곱 가지 기둥》(The Seven Pillars of Wisdom)이 그 결과물이다. 후에 그는 이 직책을 사임하고 1922년부터 비행기 조종사로 영국 공군에서 복무하였다.

1927년 인도로 파견, 얼마 안 있어 영국으로 귀환 조치된다. 아프간 부족들의 폭동을 고무하였다는 소문 때문이었다. 1935년 2월, 영국 공군을 떠났고, 같은 해 5월 19일 오토바이 사고로 사망하였다.

그는 사막의 사람이며, 제국을 조성한 사람이라는 신화를 남겼다. 그의 업적을 기리기 위해 1962년 데이비드 린(David Lean)이 영화 〈아라비아의 로렌스〉를 만들었다. 물론 아랍 일부에서는 그를 서방 세계의 첩자 정도로 치부하기도 하지만, 아직까지 그의 업적은 인정받을 만하다. Jordan

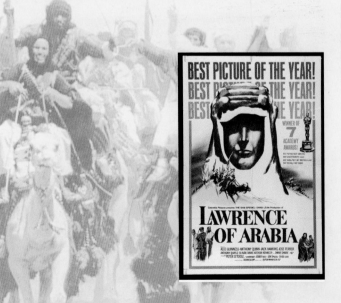

페트라의 보고 알카르네. 신전과 무덤, 도서관으로 사용된 것으로 보인다.

아라비아의 수도 페트라

　요르단을 방문하고 페트라(Petra)를 방문하지 않는다면, 이집트에 갔다가 피라미드를 보지 않고, 그리스에 다녀오면서 파르테논을 구경하지 못한 것과 같다. 페트라는 요르단이 자랑하고 유네스코가 공인한 세계문화유산이다. 최근 세계 신(新) 7대 불가사의에 선정되었다. 그러나 성지 답사자라면 페트라를 문화유산으로만 감상해서는 안 된다. 페트라는 사도 바울이나 헤롯 왕 가문의 비밀 등과 연결되어 있어 더욱 의미 있는 곳이기 때문이다. 그러나 짧은 시간을 내어 요르단을 찾는 성지 답사자들이 하루 일정을 페트라 관광에 쓰고 다른 곳을 찾지 못하는 것은 아쉽기 그지없다. 페트라가 성지 답사의 필수지역은 아니기 때문이다.

바울과 페트라

　바울과 페트라는 긴밀한 관련이 있다. 바울은 자기가 다메섹으로 가는 도중에 그리스도를 만난 후 "'혈육과 의논하지 않고' 오직 아라비아로 갔다가 다시 다메섹으로 돌아갔노라"(갈 1:16 이하)라고 증거하고 있다. 여기에 등장하는 아라비아는 바로 아라비아 페트라 또는 페트라, 아라비아로 불렸던 나바트 왕국의 수도 페트라를 일컫는다. 바울 당시 페트라가 로마 속국이 아니었음에도 불구하고 로마는 이 지역을 로마식 지명으로 '아라비아 페트라'라 불렀다. 요세푸스의 문헌에도 그대로 반영되어 있다.

　그렇다면 사도 바울이 아라비아 페트라로 간 까닭은 무엇일까? 그 이유를 두고 몇 가지 이론이 등장한다. 어떤 이들은 바울이 예수 그리스도를 위한 이방인의 사도라는 새로운 부르심을 깊이 생각해 보기 위하여 아라비아에 갔다고 추측한다. 바울이 찾았던 아라비아를 이집트 시나이 반도 남단 시내산 지역으로 추정하는 이들은 모세와 엘리야가 하나님과 친교를 나누었던 하나님의 산 호렙 근처에서 하나님과 친교를 나누기 위하여 아라비아 사막에 갔다고 생각한다. 그러나 바울의 성격상 다메섹에서 눈이 멀어 있었던 3일 만으로도 자신의 마음을 가다듬는 데 충분했을 것이다. 바울의 말에 이방인들에게 그리스도를 전하기 위해 아라비아를 방문했다는 메시지가 함축되어 있다. 사도 바울이 갈라디아서(1:16-17)에서 "그 아들을 이방에 전하기 위하여 그를 내 속에 나타내시기를 기뻐하실 때에 내가 곧 혈육과 의논하지 아니하고, 또 나보다 먼저 사도 된 자들을 만나려고 예루살렘으로 가지 아니라고 오직 아라비아로 갔다가 다메섹으로 돌아갔노라"라고 자신의 아라비아 방문 사실을 언급했다. 그 이유는 자신의 사도권을 변증하기 위한 것이었을 듯싶다. 바울이 예루살렘에 가서 사도들을 만나기 전에 이 소명을 수행하기 시작했다는 것이다.

당시 나바트 왕국은 아레다 4세(BC 9~AD 40)가 통치했다. 바울이 아레다의 신민들에게 복음을 전하였다면, 십자가에 못박힌 예수를 하나님께서 신원하시고 만유의 주로 높이셨다는 메시지를 그들이 관

페트라에 가면 낙타를 탄 호객꾼들이 눈에 띈다.

심을 가지고 들을 수 있도록 하는 사고의 접촉점을 바울이 어디서 발견하였을까 하는 의문이 생긴다. 하지만 바울의 역량과 능변을 과소평가해서는 안 된다.

바울이 다메섹의 여러 회당에서 전도한 것은 아라비아에서 돌아온 뒤였을 것이다(누가는 아라비아 여행에 대하여 아무런 언급도 하지 않는다). 그리고 어려움에 직면하자 신앙을 가진 초기에 당한 치욕적인 경험을 회상하면서 다음과 같이 말한다.

"다메섹에서 아레다 왕의 방백이 나를 잡으려고 다메섹 성을 지킬 새 내가 광주리를 타고 문으로 성벽을 내려가 그 손에서 벗어났노라"(고후 11:32 이하).

아레다는 나바트 왕국의 왕이었다. 바울이 아라비아 페트라에서 조용하게 묵상을 하고 지냈다면, 왜 나바트 아레다 왕의 방백이 바울에게 이렇게 적대적인 조치를 취했겠는가? 반면에 아라비아에서 복음을 전했다면, 바울은 한바탕 소동을 일으켰을 것이고 당국자들로부터 곱지 않은 시선을 받았을 것이다. 나바트의 북방 영토는 거의 다메섹의 동남 지역에 인접해 있었다.

엘카즈네.

페트라의 역사

1950년대에 이루어진 발굴 작업을 통해 BC 7000년경 이 지역에 농경문화를 간직한 공동체가 있었음이 밝혀졌다. 뿐만 아니라 여리고와 다른 서안 지구에서도 고대 문명의 흔적이 발굴되어 그 사실을 뒷받침해 주고 있다. 그런데 이 시기부터 에돔이 이 지역을 다스리던 BC 1200년 이전에 대한 그 어떤 역사적 정보도 없다. 이후 형성된 에돔 왕국은 셀라를 수도로 하고 있었으며, 에돔 왕국의 실체는 성경을 통하여 추정해 볼 뿐이다.

유목 생활을 하던 서부 아라비아에서 이주해 온 부족들이 이 지역에 정착하기 시작한 것은 BC 6세기의 일이다. BC 6~AD 106년경까지 이곳은 나바트 문명의 중심지였다. 이 나바트 문명은 예수 시대 때 다메섹에 그들의 봉주를 파견하여 다스리기도 하였다. 나바트족은 BC 580년경 에돔족과 토착민들이 결합하여 혼합된 민족이다. AD 106년 로마에 점령당한 후 이 도시는 다마스커스까지 연결되는 교통 요지 기능을 담당했다. AD 4세기에는 콘스탄티누스에 의하여 기독교화되었고, 분명하지는 않지만 AD 6세기에 있었던 큰 지진으로 인하여 함몰되어 폐허화되었을 것으로 추정한다. 이후 식수 공급이 어려워지면서 자진 폐쇄되었다. 한창 성행하던 이 도시는 2~3만 명의 인구가 거주하면서 봉제, 철공, 석공업으로 생업을 유지했다. 이들의 삶의 자취는 오늘날 페트라 건축물에 담겨 있다.

아랍 이슬람 세력이 요르단을 점령한 7세기에서 1812년까지 페트라는 외부인들에게 잊혀진 도시였다. 1812년 젊은 유럽 탐험가인 부르크하르트가 시리아의 다마스커스에서 카이로로 가는 행로에 엄청난 유적이 숨겨져 있다는 말을 들었다. 이것이 이 지역에 대한 정보가 서유럽에 알려지기 시작한 시기다. 그러나 구체적인 발굴은 1929~58년 사이에 이루어졌다.

페트라에 있는 암벽 조각 건물들은 지금까지 약 4천여 곳이 확인 조사되었다. 신전, 왕궁, 공공건물, 왕족과 일반인들의 무덤, 일반 주

페트라 시크(협곡)가 시작되는 곳.

거지 등이다. 그렇지만 유감스럽게도 발굴된 건물 가운데 여러 채의 건물은 어떤 용도로 쓰였는지 정확히 알 수 없다. 그래서 이곳의 유적은 안내 없이는 방문하기가 어렵다. 페트라 주변에 안내해 주겠다고 하는 사람들이 있는데, 적절한 가격으로 흥정하여 안내를 받거나 운 좋게 단체 팀을 만나면 함께 가이드를 따라다니는 것도 좋다.

페트라 유적지 입장

페트라 유적지를 감상하다 보면, 나바트 문명이 이집트의 영향을 받았음을 한눈에 알 수 있다. 또한 그리스, 로마의 영향도 조금 남아 있다.

유적지 입구에서 표를 구입하고 유적지 경내에 들어선 후에도 페트라 본 무대에 이르기까지는 한참 걸어야 한다. 좌우편 바위 언덕 곳곳에 암벽 건축물이 새겨져 있다. 예고편이 시작되는 셈이다. 말이나 마차를 타라고 호객하는 상인들이 영업 중이다. 단체 관광객은 의무적으로 말을 타야 하지만 개인 관광객은 선택 사항이다.

시크

유적지 입구에서 1km가 채 안 되는 곳에 있는 표 검사소를 지나 하늘을 가릴 듯한 높은 암석들 사이로 난 미로와 같은 길을 따라 2km 정도 걸어 들어간다. 이 암벽 사이의 좁은 통로를 아랍어로 협곡이라는 의미를 가진 '시크'(Siq)라고 부른다. 이 시크를 따라가면서 고대 수로가 왼쪽 벽면을 따라서 이어진다.

시크가 끝나는 지점에 이르면 갑자기 시야가 넓어진다. 마치 광채가 나는 듯하고, 신비할 만큼 경이로운 광경이 눈앞에 펼쳐진다. 웅장한 궁전 같은 모습의 거대한 암벽 건물이 눈에 들어온다. 여기서부터 본격적인 페트라가 시작된다. 바위를 조각해서 만든 건축물들이 계곡을 따라 이어지면서 상상을 초월하는 도시 문명을 보여 준다.

그러나 벌써부터 너무 감동하지는 말라. 본격적인 페트라 유적은 아직 시작도 하지 않았기 때문이다. 페트라는 모르고 보면 그저 대단한 것이고, 알고 보면 깨달음과 지혜를 안겨 준다.

카즈네(엘카즈네 : 보물창고)

페트라의 유적 가운데 가장 대표적이다. 앞면에 '고린도' 식 돌기둥이 여섯 개 서 있는 그리스식 건축 양식 건물로, BC 1세기경에 만든 것으로 추정한다.

그렇다면 이것이 왜 보물창고였을까? 엉성한 전설이 하나 있다. 건물 정면 제일 윗부분에 조각되어 있는 항아리 형태의 건물에 나바

에돔 산당에서 내려다본 귀족 무덤과 오벨리스크 무덤.

트인들이 보물을 숨겨 놓았다는 것이다. 그렇지만 카즈네는 보물창고가 아닌 종교적인 목적으로 지어진 신전인 듯싶다. 또한 도서관으로도 사용된 것으로 보인다.

(로마) 원형극장

바위산을 깎아서 만든 것으로 나바트인들의 기발한 독창성과 우직한 추진력이 마음껏 발휘된 건물이다. 25년경 나바트인들이 만든 것을 106년에 로마인들이 확장하고 보수했다. 너비가 40m에 이르는 크기의 로마 원형극장은 약 7~8천여 명을 수용할 수 있는 2세기경 유적이다. 바위를 그대로 깎아 계단을 만든 것으로 40층 계단식으로 만들어졌다.

363년에 있던 지진으로 파괴된 데다가 부서진 돌들을 집이나 건물을 짓는 데 사용되어 많이 파손되었다. 나바트인들은 이곳에서 장례식이나 다른 종교의식을 수행했지만, 로마인들은 공연장으로 사용하였다.

에돔 산당(희생 제물의 언덕)

원형극장 뒤 언덕으로 올라가면 나바트인들이 희생 제사를 드렸던

산당이 나온다. 같은 길로 오르내리는 데만도 2시간이 걸린다. 올라

원형극장. 바위를 깎아 40층 계단을 만들었다.

간 만큼 보람을 얻을 수 있다. 높이 오를수록 주변 경관을 한눈에 볼 수 있기 때문이다. 올라간 반대 방향에 있는 산 뒤쪽 길을 이용하여 내려오면 더 많은 볼거리를 만날 수 있다.

페트라에서 이 산당만이 유일한 에돔 왕국 때 유적이다. 페트라가 에돔 왕국의 수도였던 셀라라면 이보다 더 풍성한 에돔 시대 유적이 남아 있어야 한다. 그러므로 앞에서도 밝혔듯이 에돔 왕국의 셀라는 페트라가 아니다. 오히려 이 페트라 주변 지역은 에돔 왕국의 실제적인 최남단 경계선을 이루었으며 그 도시 이름은 데만으로 보는 것이 좋겠다.

왕족 무덤 지역

왕족 무덤 지역으로 불리는 고분터 가운데 주인이 밝혀진 것은 AD 127년 하드리아누스 황제 통치하의 로마 제국의 아라비아 페트라의 주지사였던 '섹스투스 플로렌티누스'(Sextus Florentinus)의 무덤뿐이다. 다른 것은 무덤과 신전, 귀족들의 집터가 섞여 있다. 대표적인 것은 우른 무덤(Urn tomb), 비단 무덤(silk tomb), 고린도인 무덤, 왕궁 무덤 등이다.

섹스투스 플로렌티누스의 무덤 입구에 127년에 아라비아의 총독(governor)으로 이곳에 머물렀다고 라틴어로 기록돼 있다. 그렇지만 고

열주로와 왕족 무덤 지역.

고학적 확인 결과는 그 시기가 이보다 앞선 시대의 것으로 추정한다.

열주로

기둥들이 길게 늘어서 있는 중앙대로를 가리킨다. 페트라가 로마에 정복당한 때에 트라얀 황제나 안토니우스가 만든 것으로로 추정한다. 그렇지만 바닥에서 나바트 시대에 도로를 포장했던 석회석이 발견된 것으로 보아, BC 3세기경에 이미 나바트인들이 닦아 놓은 길이었을 가능성이 높다. 결국 나바트 왕국의 중앙대로 위에 로마식으로 덧씌운 셈이다.

님프 신전

열주로가 막 시작되는 지점의 오른쪽 길가에 있는 우물터가 님프 신전이다. 이곳에서 시 전체에 물을 공급한 것으로 보인다. 님프 여신(요정)은 그리스 로마 신화에서 물의 신으로 등장한다.

두 사자 신전

험한 산허리에 위치한 이 신전은 출입구가 병 모양이며, 양쪽 벽면에 사자 형상이 새겨져 있다고 하여 두 사자 신전이라고 부른다. 알웃사(al-Uzza) 신전으로도 불린다.

두 사자 신전.

이집트의 여신 오시리스와 이시스에게 바쳐진 신전으로, 오시리스는 두사레스로, 이시스는 알 웃사로 불렸다. 아레다 4세 때인 AD 26~27년 사이에 만들어졌는데, 363년에 지진으로 파괴되었다.

바로의 궁전

이름대로라면 파라오의 딸의 궁궐이다. 나바트 문명에 남아 있는 이집트의 영향은 이집트 건축 양식의 특징인 거대한 탑문에서 볼 수 있다.

페트라 한복판에 있는 바로의 궁전은 이집트의 파라오가 이곳에 시집 온 그의 딸을 위하여 지어 준 것이라는 전설이 전해진다. 물론 다른 이론도 많지만 최소한 이 건축 양식이 이집트와 밀접한 관계가 있는 것은 분명한 사실이다. 1927년 지진으로 일부가 파괴되었다.

수도원(엣데이르)

페트라의 유적 가운데 가장 규모가 크다. 전면 폭이 50m, 높이는 45m에 이른다. 건물 내부 벽면에 십자가 몇 개가 새겨져 있어서 수도원으로 불리지만, 나바트인들이 왜 이 건물을 세웠는지는 정확히 알 수 없다. 그러나 내부에 십자가가 새겨져 있는 것으로 미루어 AD 4세기 이후 비잔틴 시대에는 교회 건물로 사용한 것으로 보인다.

바로의 궁전.

엣데이르도 그렇지만 페트라 건물 내부는 전반적으로 단조롭다. 돌을 파내 규모가 큰 직사각형 방을 만들었고, 건물 내부 벽면에는 아무런 장식이나 벽화도 없다. 그러나 암석 자체가 가진 여러 가지 색깔과 기하학적 또는 물결 무늬들이 방 전체를 휘감고 있어 어떤 궁중 벽화나 장식보다도 현란하고 황홀하다.

대신전

아래 시장터 뒤에 자리하고 있다. 7,000m에 이르는 꽤 규모가 큰 신전이다. 아직도 발굴 작업이 한창이다. BC 1세기 후반에 지어 비잔틴 시대에 이르기까지 사용한 것으로 보인다.

아론의 산(자발 하룬)

박물관 아래에 있는 자발 하비스 오른쪽으로 올라가면 페트라 꼭대기에 도착하는데, 높이는 해발 1,593m이다. 자발 하룬이라는 현지 지명은 '아론의 산'이라는 뜻이다. 이슬람 경전 꾸란에서는 아론을 하룬으로 부른다.

이집트에서의 시내산 등정이 감동과 추억을 안겨 준다면, 요르단의 아론산 등정은 또 다른 감동이다. 오르는 데 약 3시간 정도, 내려올 때 2시간 정도 소요된다. 해가 뜨면 날이 급속히 뜨거워지니 되도록 새벽에 출발하는 것이 좋다. 자칫 헤맬 수 있으니, 현지 베드윈으로부터 안내를 받는 것도 한 방법이다.

산꼭대기에 있는 흰색 건물은 아론의 묘라고 이야기한다. 정상에서 둘러보면 사해, 네게브 사막, 시나이 반도 등과 함께 멀리 아라비아 사막이 보인다. 주변 바위산들에 비하여 이 산에는 나무들이 제법 자라고 있다.

성경에는 아론이 죽은 산은 호르산(민 20:22-29, 33:35-40, 34:7-8)이라고 적혀 있다. 그렇지만 아론의 죽음과 관계있는 호르산은 요르단의 페트라 주변 지역이 아닌 남방(네게브 사막 지역)에 있는 어느 산으로 보는 게 더 맞다.

페트라 주변 지역

알바리드

페트라 유적지에서 약 4km, 차로 10분 정도 가면 나오는 삼거리(T
자 거리)에서 왼쪽으로 들어서면 베드윈 천막이 쳐져 있고 그 뒤로 작
은 시크가 보이는 장소에 들어선다. 규모도 작고 찾는 이도 많지 않
지만, 페트라와 마찬가지로 암벽을 깎아 만든 무덤과 건축물을 볼 수
있다. '작은 페트라'라고도 부른다.

작은 페트라로 불리는 알바리드.

페트라.

코끼리 언덕

페트라에서 알바리드로 오가는 길목에 있는 암벽 위에 코끼리 형상의 조각물이 세워져 있다. 나바트 시대 건축물의 잔해로 보인다.

엘 베이다

작은 페트라에서 700~800m 정도 떨어져 있고, 일반인보다는 고고학계에 잘 알려진 선사 문명 유적지다. 이곳에는 아직도 동굴 주거 문화를 유지하며 사는 이들이 있다. 그렇지만 이 문명을 맛보려면 지역 안내인과 말, 충분한 시간이 필요하다.

이 지역의 문명이 형성된 시기는, 팔레스타인 서안 지구의 여리고와 비슷한 BC 10000~8000년 전으로 거슬러 올라간다. 중동에서 몇 안 되는 선사 문명 유적지 가운데 하나이다. 1958년과 1983년에 영국 고고학회에서 발굴한 결과, BC 7000년으로 거슬러 올라가는 선사 시대 문명이 있었음이 분명해졌다.

또한 BC 7세기까지 약 500년 이상 이곳에 도시가 있었음을 나타내는 문명의 흔적도 남아 있다. 출애굽을 전후한 시기부터 이스라엘이 멸망한 전후까지 번성하였던 것이다.

코끼리 언덕.

데만(뚜우이일란)

페트라와 베이다 사이에 위치한다. 아직 논란이 남아 있지만, 페트라 북쪽 언덕(아인 무사 뒷동네), 엘하이 마을이 내려다보이는 지점에 있는 뚜우이일란(Tawilan) 유적지가 곧 데만(Teman)으로 보인다.

넬슨 글룩(Nelson Glueck)은 이 지역에 BC 13~6세기에 이르는 에돔의 주요한 도시 문명이 남아 있다고 주장한다. 또한 BC 8~6세기에 이르는 채색 토기, 달의 신 이쉬타르 여신의 상징인 제단과 별과 달 문양이 새겨진 도장, 요르단에서 최초로 발견된 설형문자로 된 서판 등은 매우 중요한 것들이다. 여기에 더하여 1982년에는 BC 5, 6세기, 일부는 9세기경의 것으로 보이는 금장신구들도 발굴되었다.

예레미야의 예언과 에스겔의 예언 가운데 드단과 함께 자주 등장하는 것으로 보아, 에돔 수도의 후보 지역이자 에돔 왕국 남단의 최대 도시 가운데 하나였을 것으로 보인다. 보스라가 에돔의 상징이었던 것처럼 데만도 에돔의 상징적 도시였다. 남의 데만, 북의 보스라로 에돔 왕국을 표현할 수 있다.

데만 사람(데만 거민)이라는 표현은 에서와의 무관함을 애써 강조한 것으로 보인다. 욥의 세 친구 가운데 한 사람인 엘리바스가 이 지역 출신이다.

데만. 에돔 왕국의 남단 최고 도시였다.

에돔에 대한 말씀이라 만군의 여호와께서 이같이 말씀하시되 데만에 다시는 지혜가 없게 되었느냐 명철한 자에게 모략이 끊어졌느냐 그들의 지혜가 없어졌느냐 그런즉 에돔에 대한 나 여호와의 도모와 데만 거민에 대하여 경영한 나 여호와의 뜻을 들으라 양떼의 어린 것들을 그들이 반드시 끌어가고 그 처소로 황무케 하리니(렘 49:7-20).

하나님이 데만에서부터 오시며 거룩한 자가 바란산에서부터 오시도다(셀라) 그 영광이 하늘을 덮었고 그 찬송이 세계에 가득하도다(합 3:3).

모세의 우물

모세의 우물은 페트라 진입로 오른쪽에 있다. 암만에서 남쪽으로 292km 지점이다. 하얀색의 둥근 지붕이 세 개 얹혀져 있는데, 이것이 '아인 무사'라고 불리는 모세의 우물이다.

전통에 의하면 모세가 바위를 쳐서 물을 낸 곳(민 20:11)이라 한다. 그렇지만 이스라엘 백성이 왕의 대로 근처에도 못 가고 변방을 돌고 돌아 이동한 것을 생각하면 왕의 대로변에 있는 이곳을 지나갔을 가능성은 없다.

그럼에도 불구하고 이 장소는 방문할 가치가 있다. 므리바 물 사건은 반석(암반)에서 물이 나온 사건인데, 이 모세의 우물도 암반수이기 때문이다. 지금도 반석(암반) 사이에서 물이 흘러나오고 있으며, 이 물로 페트라 주민들의 식수를 해결할 정도다.

모세의 우물로 불리는 암반수. 성경의 므리바 반석과는 무관하다.

    요르단의 아카바와 이스라엘의 에일라트는 홍해변에 자리하면서 국경을 마주한 쌍둥이 항구 도시다. 걸프 지역에서 아프리카 지역으로 들어가는 주요한 항구 도시이자, 요르단의 유일한 해변 도시이기도 하다. 이집트 누웨이바에서 이곳을 오가는 배편이 있으며, 그 배를 타고 오가면서 홍해의 멋진 풍광을 마음껏 즐길 수 있다.

    고대 시대에 이곳은 이른바 왕의 대로로 일컬어지는 교통의 한 지점으로 활용되었다. 성경에 "솔로몬 왕이 에돔 땅 홍해 물가 엘롯(오늘날의 이스라엘의 에일라트) 근처 에시온게벨에서 배들을 지은지라"(왕상 9:26)라고 기록하고 있다. 고대 '에시온게벨'은 아마도 오늘날의 에일라트와 아카바 이 두 지역일 것(신 2:8; 왕상 22:48)이다. 그러나 좁은 의미로 지역을 구분할 때는 이스라엘의 에일라트는 엘랏으로, 요르단 아카바 지역은 에시온게벨로 구분하였을 것이다. 이스라엘 에일라트의 팀나 지역에 솔로몬의 구리 광산 흔적이 발굴되어 있다.

    요르단과 이스라엘 국경 지역 오른쪽, 아카바 서쪽에 자리한 텔 엘 쿨레이파(칼리프들의 언덕) 유적을 발굴하다 고대 에시온게벨에 있었던 솔로몬의 구리 광산 흔적을 찾아냈다. 이곳에서 BC 10~5세기에 걸쳐 구리 제련 작업이 계속되었다.

    또한 무역이 발달했던 대상국으로는 오늘날의 예멘에 해당되는 남부 아라비아의 고대 시바(성경에는 스바로 표기) 왕국이 대표적이다. 시리아의 다마스커스와 암만, 페트라를 연결하는 도로망이 건설되었고, 이집트와 팔레스타인 지역을 오가는 대상들이 이용했다.

    로마 시대에는 이곳에 로마군 제10군단이 주둔하였고, 초기 이슬람 시기에 순례객들을 위하여 아일라 항구를 건설하였다. 7세기 이후에는 아카바 주교청이 자리하였으며, 십자군전쟁 과정에 십자군들이 진주하기도 하였고, 아카바 만의 작은 섬인 오늘날 파라오의 섬(이집트령)에 요새 성(Ile de Graye)을 쌓기도 하였다.

이후 아카바는 제1차 세계대전 시기까지 평범한 어촌 마을이었다. 그러나 1차 세계대전 후 일어난 아랍 혁명으로, 오스만 터키의 지배하에 들어갔고, 영국과의 대결의 현장이 되었다. 영국의 지배하에 들어온 이후, 요르단 지역과 팔레스타인 지역에 필요한 물자를 조달하는 교통로로 이용하였다.

현재 해안선은 1965년 후쎄인 요르단 국왕이 조정한 것으로, 아카바 만이 확장돼 오늘날의 형태로 발전하는 계기가 되었다.

아카바 만

시나이 반도 동편 홍해 북동, 사우디아라비아와 이스라엘 에일라트, 이집트 시나이 반도 사이에 자리한다. 전체 길이는 160km, 폭은 19~27km에 이른다. 아카바 만을 사이에 두고 이집트, 이스라엘, 요르단이 머리를 맞대고 있다.

아카바에서 암만을 연결하는 길은 사막 고속도로를 따라가는 가장 빠른 포장도로와 왕의 대로, 그리고 사해 도로(아라바 도로) 이렇게 세 갈래이다.

요르단의 유일한 해변 도시 아카바.

해변

해수욕과 스노클링, 스쿠버 다이빙을 즐긴다면 요르단의 또 다른 맛을 만끽할 수 있다. 웬만한 호텔에는 모두 다이빙 시설이 갖추어져 있다. 해저 관람용 보트는 바닥이 유리로 되어 있어 해저 세계를 엿보는 즐거움도 누릴 수 있다. 항구 남쪽 해변 지역이 가장 멋진데, 아쉽게도 개인 교통수단이 없으면 찾아가기 힘들다.

이슬람 아카바 ^{아일라}

아일라로 불리는 이슬람 시기의 아카바 도시 구역 유적이 아카바의 가장 대표적인 유적지다. 뫼벤빅 호텔 바로 맞은편에 있다. 독특한 것은 아카바에서 발굴되는 유적지는 모두 현재 지층보다 낮은 지형에 자리하고 있으며, 이미 그 위에 적지 않은 택지가 형성되어 있다는 점이다. 아일라 유적지는 중간중간에 발굴 지도와 안내판이 설치되어 있어 관람에 도움이 된다.

아카바 시내.

세계 최초의 교회터

3세기 후반에 지어진 것으로 보이는(그러나 정확한 연대 추정에는 논란이 적지 않다) 아카바의 교회터 유적지는 가정교회가 아닌 세계에서 가장 오래된 순수한 교회당 유적지다.

요르단 초대 교회의 역사는 1세기 중반으로 거슬러 올라간다. 그렇지만 당시 교회(당)는 대개 유대인 회당을 빌려서 사용하거나 가정집 등을 교회 용도로 이용한 것이었다. 이후 시간이 흐르면서 교회당을 목적으로 건물을 짓기 시작했다. 즉, 현존하는 가장 오래된 교회당인 셈이다. 뫼벤빅 호텔 바로 오른쪽에 자리하고 있다.

비잔틴 시대 아카바

비잔틴 교회터 주변 지역은 모두 비잔틴 시대 아카바 중심지였다. 비잔틴 시대 아카바 유적지는 뫼벤빅 호텔 오른쪽 로터리 안쪽에 조그만 공원처럼 자리하고 있다. 그러나 이곳이 전부는 아니다. 비잔틴 교회터 왼쪽으로 유실된 성벽의 일부가 발굴되어 있다. 지금 발굴되어 있는 유적지는 4세기 후반에서 5세기 초에 쌓은 성벽의 일부와 건물로 구성되어 있다.

아카바 공공 해수욕장에서는 수영복을 입으면 안 된다. 남자는 아무 상관없지만, 여성이 수영복을 입고 등장하면 감당할 수 없는 분위기가 연출될 것이다. 그래서 현지인 여성들은 공공 해수욕장에서 수영복을 입지 않는다. 발만 담그거나 옷 입은 채로 물에 들어간다.

에시온게벨 텔 쿨레이파; 칼리프들의 언덕

1933년에 발굴을 시작했는데, 아직 이렇다 할 구체적인 고고학적 발굴 작업이 이루어지지는 않았다. 성경의 에시온게벨 지역으로 추정한다. 아카바 시내에서 아카바 공항으로 가다 보면 시내 중심지에서 4km, 공항 진입로에서 4km, 홍해로부터 2km 떨어져 있는 텔(언덕)이 하나 나온다. 입구가 철조망으로 둘러쳐져 있는데, 아무런 안내 표지판도 설치돼 있지 않아 그냥 지나치기 쉽지만, 한번 둘러볼 만하다.

우리가 세일산에 거하는 우리 동족 에서의 자손을 떠나서 아라바를 지나며 엘랏과 에시온게벨 곁으로 지나 행하고 돌이켜 모압 광야길로 진행할 때에(신 2:8).

솔로몬 왕이 에돔 땅 홍해 물가 엘롯(오늘날의 이스라엘의 에일라트) 근처 에시온게벨에서 배들을 지은지라(왕상 9:26).

비잔틴 시대의 아카바.

아카바 만. 요르단 국적선 뒤로 이스라엘의 휴양도시 에일라트가 가깝게 다가온다.

요르단 여행 정보

비자

요르단에 입국하기 위해 굳이 사전 입국비자를 받을 필요는 없다. 다만 광화문 근처 주한 명예영사관에서 사전 입국비자를 발급받을 경우는 발급비가 조금 싸고 복수 비자가 가능하다는 장점이 있다.

요르단에서 출발해 인근 시리아, 레바논을 보고 재입국할 경우라면 복수비자를 받는 것도 좋다. 그러나 사전 입국비자 없이도 요르단 재입국에는 어려움이 없다. 입국비자는 14달러(10요르단디나르) 정도 지불하면 그 자리에서 발급해 준다.

주한 요르단 명예영사관(서울시 종로구 계동 140-2 광화문 현대해상보험 건물 1층, 전화: 02-732-1133, 또는 02-3701-8474)에 여권, 여권용 사진 1장, 주민등록등본 1통, 여권 사본 1장, 비행기표를 지참하여 오전 10-12시 사이에 신청하면 다음날 오후 4시 이전에는 발급받을 수 있다.

요르단의 화폐

요르단 화폐 단위는 요르단디나르(JD)와 피아스터(PT), 필스(Fil, Fils)이다 (1JD=100PT=1,000fils). 지폐는 1, 5, 10, 20, 50JD가 있고, 동전은 10, 100, 250, 500fils가 있다. 현재 1JD에 대한 원화는 1,240원 정도다. 그러나 실물 가치는 1,500원 이상이다.

환전(싸르라프)은 시내 각종 은행에서 할 수 있다. 환율은 일반 은행보다 일반 환전소가 조금 좋은 편이다. 여행자 수표는 물론 ATM기를 이용한 현금 인출이 가능하며 카드도 사용할 수 있다.

기념품으로 살 만한 것

요르단에는 나라를 대표할 만한 인상적인 기념품은 없다. 사해 지역에서 나는 진흙 비누나 몇 가지 사해 특산물(인근 국가에서 만든 것보다 조금 싼 편이다), 베드윈 전통 문양을 수놓은 수예품과 장식품 정도가 유명하다. 올리브 나무로 만든 목각품도 눈에 많이 띄는데, 조금 투박한 느낌이 있다. 색깔 모래를 이용한 그림과 글씨(이름을 써 준다)가 담겨 있는 유리병, 간단한 모자이크 장식도 특산물 가운데 하나다.

물품 및 식품 준비

어느 계절에 어느 지역을 방문하느냐에 따라 준비물이 달라진다. 요르단의 기후는 각 지방에 따라 매우 독특하기 때문이다. 1년을 크게 겨울 우기와 여름 건기로 나눌 수 있다. 고지대의 여름은 낮에는 무척 덥지만 밤에는 무척 시원하다. 겨울에는 눈보라가 내리치고, 쌓인 눈 때문에 교통이 끊기기 일쑤다.

한편 사해나 아카바 등 홍해 연안 지역의 여름은 매우 뜨거워 지내기가 꽤 어렵지만, 해수욕을 즐기기에는 그만이다. 겨울도 따스한 봄 날씨처럼 아주 좋다.

사막 여행을 하고자 한다면 여름에도 따뜻한 방한복을, 다른 지역의 경우에는 여름이라도 얇은 긴팔 옷을 꼭 준비한다. 햇빛이 강렬하므로 선글라스와 모자도 반드시 챙긴다. 빨래를 하면 쉽게 마르기 때문에 옷을 많이 가져오지 않아도 된다. 겨울에 여행 일정을 잡았다면, 우리나라와 비슷하거나 조금 추운 날씨를 고려하여 따스한 겨울옷까지 골고루 준비한다. 비나 눈에 대비하여 방수가 되는 신발과 방한외투도 갖추도록 한다.

짐 꾸리기

큰 배낭, 보조가방(여행지에 도착하면 큰 짐은 숙소에 두고 보조가방에 간단한 물품을 챙겨 가지고 다닐 때 필요하다), 긴 바지 1장, 반바지 2장, 운동화, 슬리퍼, 티셔츠 3장, 허리 가방, 세면도구, 속옷, 비옷, 상비약, 필기도구, 여행 자료, 선글라스, 다용도 칼, 디지털 카메라, 수영복, 수건 2장, 비상식량(라면, 고추장, 멸치, 김, 무말랭이, 군것질을 즐기는 경우는 사탕이나 초콜릿 등), 양말 3켤레, 긴팔 스웨터나 남방, 현지에서 사용할 수 있는 한국적인 선물들(작은 것이 좋다), 침낭(겨울 여행에서 날씨가 추워졌을 때나 사막 사파리에 참여할 때 사용).

가져가면 좋은 것들

- **메모리 카드** 중동 지역은 한국보다 디지털 카메라 문화가 뒤떨어져 있다. 값도 비싸다. 넉넉한 용량의 디지털 카메라용 메모리 카드를 준비해 오는 것이 좋다.
- **여분의 안경과 색안경** 자칫 안경이 깨질 경우를 대비해 여분의 안경을 준비한다. 선글라스도 한국에서 구입하는 것이 싸고 품질도 훨씬 좋다.
- **망원경** 중동 지역은 어디를 가나 모래사막과 자갈밭, 드넓은 광야가 펼쳐져 있다. 이것도 제법 장관인데, 망원경이 있으면 감상하는 데 꽤 쓸모 있다.

건전지가 필요한 전자제품을 사용하는 경우는 여분의 건전지를 가져오는 것이 좋다. 한국산이 품질도 가격도 훨씬 낫다. 요르단에서 정품 건전지를 살 경우는 가격도 비싸지만 제때 구할 수 없는 경우도 많다.

요르단의 먹을거리

요르단 수돗물에는 석회석이 많이 녹아 있어 그냥 마시기에는 좋지 않다. 대신 생수를 판매하는데, 1~1.5l에 600~800원 정도 한다. 아랍 커피나 샤이(홍차)는 250원, 과일 주스는 500원 내에서 살 수 있다.

음식의 경우, 양고기 바비큐나 닭고기를 넓적한 빵에 말아서 주는 샤와르마(요르단의 대중식)을 700원 정도면 먹을 수 있다. 팔라펠이나 시시케밥, 콩 요리 등도 쉽게 접할 수 있는데, 음식은 대체로 달콤한 편이다. 현지식으로 해결한다면 한 끼에 1,500원 정도면 가능하다. 작은 나라지만, 아시아와 유럽, 중동의 전통 음식을 쉽게 접할 수 있다. 굳이 한국식으로 먹고 싶다면 암만 시내나 숙소 주변 시장에서 식재료를 사서 만들어 먹으면 된다. 또한 곳곳에 낯익은 패스트푸드점들이 즐비하다. 다만 가격이 한국보다 조금 비싸다. 다양한 과일이 풍성하며 한국보다 싼 편이다.

요르단 요리는 기본적으로 유목민적이거나 이것을 개량한 음식들로 나눌 수 있다. 각 지역마다 수도인 암만 일대 일반 음식점에서 맛보기 힘든 '향토 요리'들이 있다.

후쎄인 사원 주변 지역에 가면, 아래의 다양한 종류의 음식을 맛보거나 만드는 광경까지 자세히 지켜볼 수 있다.

향신료와 반찬거리

● **토르시(야채 절임)** 소금에 절인 양파, 오이, 기다란 피망(서양 고추), 당근, 순무, 레몬, 가지 등을 식초에 절인 것이다. 토르시의 핵심은 역시 오이 절임으로, 피자와 곁들여 먹는 오이 피클이 바로 토르시의 한 종류다.

● **타히나(참깨 패스트)** 곱게 빻은 참깨와 식물성 기름, 다진 마늘, 레몬을 섞어 잘 버무린 양념장이다. 에이쉬(빵)로 떠서 먹는데, 고소한 맛이 일품이다.

● **바바가누그** 타히나에 가지 으깬 것을 섞은 것으로, 맛이 괜찮다.

● **홈모스(어린 콩 패스트)** 겉모양은 타히나와 비슷하지만 맛이 다르다.

● **자이뚜운** 올리브 열매를 절인 것으로 푸른색과 검은색 두 종류가 있다. 건강식으로 좋다고 전해지는데, 올리브가 사람의 염색채 수와 같은 식물이기 때문이라고 한다. 한국인 입맛에는 썩 맞지 않으니 굳은 결심을 한 뒤

먹어야 한다. 아주 쓰다.

- 집나(치즈) 집나(치즈)의 종류는 다양하며 유럽식 치즈도 많다. 염분이 많아 빵에 곁들여 먹는 게 좋다. 4분의 1kg(로바 킬로) 등의 단위로 주문한다.
- 말하 소금. 식탁염, 그리고 꾸민(맵지 않은 향신료의 일종)과 혼합된 것이 있다.
- 칼 식초.
- 필 필 후춧가루로 대개 흰색이다.
- 샷타 고춧가루 또는 매운 소스를 가리킨다.
- 카문 샐러드나 고기 요리에 사용한다.
- 쌀라따 보통 생각하는 샐러드 외에 타히나나 요구르트를 절인 것 등도 쌀라따 종류에 속한다.
- 치즈 집나 화라망끄, 집나 베다, 집나 루미, 집나 쉬다루(체다 치즈), 네스또 등이 있다.
- 단 것 헬와(흑설탕 덩어리), 무랍바(잼) 등이 있다.

이외에 바스테루마(터키의 바스토라미: 쇠고기 훈제), 삶은 계란, 계란 부침, 참치, 못꼬(소, 양의 머리골을 튀긴 것으로 크림 크로켓 모양을 하고 있다) 등도 먹을 만하다.

기본 음식

- 쿱즈(빵) 쿱즈에는 여러 종류가 있다. 요르단의 빵은 유목민의 빵 만드는 법을 그대로 활용하는데 아주 넓고 얇은 빵이 요르단의 쿱즈다.
- 샤와르마 넓고 얇은 빵에 양고기나 닭고기 구운 것을 얇게 썰어 넣은 것이다. 가볍게 양념을 발라 준다. 철판 가스 구이에 사용하는 고기는 닭고기나 양고기이다.
- 푸울 말린 콩을 오래 푹 끓여 만든 요리로, 식물성 단백질이 많아 영양가가 높다. 식물성 기름을 넣어서 내주지만 그다지 맛이 없다. 마치 반쯤 진행된 된장 같은 맛이다. 거기에 소금, 샷타(고추 또는 후춧가루), 레몬즙을 치고, 포크로 잘게 부수어서 쿱즈 발라디야를 조금 떼어 그것으로 떠서 먹는다. 생 양파를 곁들여 먹으면 맛있다.
- 팔라펠 이집트에서 따아미야라고 부르는 것으로 크기가 큰 것이 특징이다. 콩을 으깬 것과 쓴 나물, 양파 등을 함께 간 것에 향신료를 넣은 다음 크로켓을 만들 듯이 뭉쳐서 기름에 튀긴 것이다.
- 라흐마(고기 요리) 이슬람 국가인 요르단에서는 돼지고기는 외국인이나 기

독교인 외에는 먹지 않는다. 암만에 딱 한 곳 돈육점이 있다. 현지인들은 소, 양, 닭은 물론이고, 낙타, 비둘기, 집오리, 토끼 등도 먹는다. 고기는 kg 단위로 판다.

- **시시케밥** 시시케밥은 중동의 명물 요리다. 양고기를 꼬챙이에 꽂아서 숯 불에 굽고 향신료를 쳐서 먹는 요리다. 주문은 kg 단위로 하며, 4분의 1kg 으로 충분하다.

- **쿱타** 기계로 얇게 간 양고기를 다진 다음 뭉쳐서, 케밥과 같은 모양으로 꼬챙이에 꽂아 구운 고기 요리다.

- **하맘(비둘기 고기)** 하맘 요리는 뼈를 발라 내고 먹으면 정말 양이 작다. 반 마리, 한 마리 분량을 구워서 판다. 한국의 참새구이 정도를 떠올리면 된 다. 보통 '하맘 마슈위'라고 부른다.

- **싸막(생선 요리)** 요르단의 생선 요리는 그리 다양하지 않다. 소금에 절인 생선 요리와 찌거나 구운 생선 요리가 있다.

- **마카로나** 마카로니 요리로, 계란 노른자를 두껍게 굳힌 것이다.

- **라반** 우유의 한 종류로 흰빛을 띠며, 고소하고 진한 맛이 나는 것이 독특 하다.

음료

요르단의 음료는 차(샤이)와 커피(까흐와)가 대표적이다.

- **샤이** 보통 홍차를 말한다. 뜨겁게 마시며, 설탕을 진하게 타서 마신다. 2 층이나 3층 건물 안에 있는 일반 마끄하(찻집)에서 쉽게 마실 만한 것이다.

- **까흐와** 일반적인 찻집에서 제공하는 커피는 작은 컵에 나오며, 진한 향기 가 좋다. 물론 많은 설탕을 타서 마신다.

- **아씨이르** 계절에 따라 과일 주스가 다양하다. 즉석에서 짜서 제공하는 오 렌지 주스는 아주 달콤하고 입맛을 돋운다. 그런데 인공 감미료가 첨부된 음료들이 더 많이 팔린다.

- **맥주나 술** 요르단이 이슬람 국가이긴 하지만 호텔이나 음식점에서는 알 코올 성분이 없는 맥주는 물론이고 일반 맥주나 주류를 마실 수 있다. 현지 인이 술을 마시거나 술에 취해 있는 것을 보기도 한다. 암만 시내는 물론이 고 요르단 곳곳에 합법적인 주류 판매점에 있다.

- **아르길라** 먹고 마시는 음료는 아니지만, 일반적으로 많이 접하는 물담배를 아르길라라고 부른다. 마끄하 등에서 쉽게 접할 수 있는데, 감히 아르길라를 피우려고 달려들었다가는 한동안 정신이 혼미해질 것이다. 매우 독하다.

체신, 통신, 정보 매체

요르단 여행 중에 매우 난감한 대목이 바로 공중전화기는 있지만 사용이 불가능하다는 것이다. 일부 상점에서 제공하는 간이 공중전화를 사용하거나 일반 전화, 이동 통신을 이용해야만 한다.

국제전화　　　　　　국제전화의 경우, 아랍 구간의 경우는 요금이 동일하다. 요르단에서 한국으로 국제전화를 걸 경우는 호텔 전화 서비스 창구나 시내 몇 군데에 있는 전화국의 국제전화기를 사용한다. 물론 가정 전화로도 국제전화를 걸거나 받을 수 있다.

단, 요르단에서는 수신자 부담 전화를 걸 수 없다. 송신자 부담 전화만이 가능하다. 이집트나 이스라엘 등지에서 사용할 수 있는 한국통신 등을 이용한 한국어 전화 서비스도 불가능하다.

00(국제통화 호출번호) – 82(한국고유번호) – (지역번호) – 가입자 번호

인터넷 전화도 요즘은 대중화되어 웬만한 인터넷 카페에 가면 다양한 종류의 인터넷 전화 사용이 가능하다.

건강 관리

심한 일교차와 강한 햇빛 등으로 호흡기 질환, 감기, 피부 질환에 시달릴 수 있다. 물에 석회석이 많으므로 꼭 끓여 마시거나 생수를 사서 마셔야 한다. 그 외 특별한 풍토병은 발견되지 않았다.

아메바 감염　　　　　　여행자들이나 요르단 거주자들 가운데 봄철에 종종 감염되는 질병이다. 설사가 여러 날 계속되고 몸살 기운이 있다면 일단 아메바 감염을 의심해 보는 것이 안전하다. 암만 2서클 근처 클리닉에서 대변 검사를 통해 감염 여부를 쉽게 알 수 있다. 아메바 감염을 예방하려면 특히 황사가 많은 봄철에는 채소를 깨끗이 씻어 먹어야 한다. 가능하면 익히거나 끓여 먹는 것이 좋다.

요르단 출입국 루트

항공편 이용

가장 간편한 길은 항공편으로 입국하는 것이다. 암만 남쪽 35km 지점에 '알리아(Alia) 왕비 국제 공항'이 있으며 1, 2청사로 구분되어 있다.

366

공항에서의 출입국 절차 간단한 수화물 검사와 보안 검사가 진행된다. 사전에 입국비자를 받지 못한 경우에는 공항 내 입국 수속장에서 간단한 절차를 거쳐 1개월 체류비자를 발급받으면 된다. 사진이나 다른 것은 필요 없이 10요르단디나르만 내면 된다. 공항의 1, 2청사 2층 입국 수속대 근처 환전소에서 요르단 화폐로 바꾸고 입국 수속대 뒤편 비자 수수료 납부 창구에서 비자를 발급받는다. 비자 수수료는 요르단디나르만 받는다. 비자 수입증지를 발부받은 다음에 입국 수속대에서 입국 수속을 밟는다.

출국 수속은 먼저 수화물 체크를 받고서 항공사 카운터에서 탑승권을 발부받고 수화물을 부치는 탑승 수속을 받는다. 출국 카드를 따로 작성할 필요는 없다. 출국 수속이 끝나면 에스컬레이터를 타고 2층 대합실로 이동한다. 탑승구에 들어가기 전에 간단하게 보안 점검을 한다.

공항과 시내 연결 공항에서 시내로 들어오려면 버스와 택시를 이용하는 방법이 있다. 버스의 경우 공항버스가 요르단 시내 암만의 압델리 정류장까지(약 45분 소요) 운행한다. 공항버스는 국제선 청사에서 나오면 출입구 쪽에 정류장이 있으며, 요금은 1인당 1.5요르단디나르다. 버스는 오전 6시부터 저녁 9시 45분까지 30분 간격으로 운행한다. 공항 택시 요금은 정액제로 암만 시내까지는 17.5요르단디나르 정도 된다.

육로

육로를 이용해 요르단을 오가는 길은 많다. 이스라엘이나 팔레스타인 지역에서 들어오거나 시리아, 사우디아라비아, 이라크 등의 국경을 넘어 요르단에 입국할 수 있다.

후쎄인 국왕 다리(이스라엘 측의 알렌비 다리)를 통하여.

● **이스라엘에서 요르단으로 들어오는 경로**　요르단 비자를 소지하고 있으면 된다. 예루살렘에서 여리고를 경유하여 알렌비 다리까지 가는 택시를 타는 방법이 가장 간편하다.

이스라엘 국경 검문소에 도착하면 먼저 이스라엘 출국 수속을 밟아야 하는데, 10분 정도 소요된다. 출국세로 125NIS(25달러)를 내야 한다. 다음에 요르단 국경 검문소까지 연결하는 요르단에서 운영하는 국경 JETT버스(요금 1.6JD 또는 3달러)를 타고 요단강 다리(이 다리를 각각 알렌비 다리와 후쎄인 국왕 다리로 부른다)를 건너 요르단 국경 검문소에 도착한다. 간단하게 짐 수색을 받은 다음 여권에 있는 요르단 비자 소지 여부를 확인한다.

입국 수속이 끝나면 검문소 오른쪽에 있는 버스 및 택시 정류장에서 암만까지 가는 합승택시(8인승)나 미니버스를 이용하면 된다. 써르비스(합승) 택시의 경우 암만까지 1인당 3요르단디나르만 내면 갈 수 있다. 그러나 정원이 다 찰 때까지 기다려야만 한다.

● **요르단에서 이스라엘로 들어가는 경로**　사해 남단 아라바 국경 혹은 북쪽의 벳샨 국경을 이용하는 경우다. 제일 원활하게 이용할 수 있는 국경은 역시 여리고 국경 루트다. 이스라엘을 예루살렘에서부터 보고 싶다면 여리고 코스를 이용하는 것이 좋다. 이스라엘 남부의 아카바를 통하여 이집트로 들어가려는 경우는 요르단 남부 국경을 이용하면 된다.

후쎄인 국왕 다리 개방 시간은 평일 오후 5시까지이며, 금·토요일은 대개 오전에만 근무한다. 종종 국경 개방 시간이 변동되므로, 압달리 택시 정류장 운전기사들이나 알렌비 국경 사무소에 문의하는 것이 좋다.

요르단에서 후쎄인 국왕 다리로 가려면, 암만에서 써르비스(9시 30분쯤까지 수시로 운행) 택시나 미니버스를 이용하여 요르단 출입국 사무소까지 이동한다. 써르비스의 경우 막차 개념이 없다. 써르비스는 하루에 한 차례 정도 후쎄인 국경 다리를 오가면 그날 그 차량은 더 이상 근무하지 않는다. 대개 오후 2~3시 정도면 더 이상 써르비스를 이용할 수 없다. 출입국 사무소에서 간단한 짐 검사를 받은 다음 다시 국경 지역을 운행하는 JETT 버스로 옮겨 타고 국경 다리를 건너서 이스라엘 점령지 안으로 들어선다. 여기까지 대략 90분 정도가 소요된다. 국경세 5요르단디나르를 낸다.

나머지 출입국 과정은 이스라엘에서 오는 과정의 역순이다. 여리고 이스라엘 국경 사무소 오른쪽에는 ‘쉐루트’(택시) 정류장이 있다. 여기서 예루살렘, 여리고, 라말라 등지로 가는 노선 택시를 이용하면 된다. 아침 시간에 이곳에 도착한 경우는 여리고까지 가는 택시가 있는지 확인하고 행선지를 정하도록 한다. 가끔 여리고까지 가는 택시가 파업을 하기도 한다.

람싸(Ramtha)/다라(Dar'a)를 통하여   시리아로 입국하려면 먼저 요르단 입국 스탬프가 찍힌 여권이 있어야 한다. 아직 시리아와 한국은 외교관계를 맺고 있지 않지만, 다행히 시리아 대사관에서 비자를 발급받을 수 있고, 다소 복잡하지만 국경(공항, 항구, 육로 국경 등)에서도 비자 발급이 가능하다. 시리아와 요르단 사이에는 국경을 연결하는 버스 편이 있다. 요르단의 람싸와 시리아의 다라 국경을 통과하는 방법으로 매우 붐빈다. 이 경로는 바울의 전도 여행지로서 매우 중요한 시리아의 유적을 만나 보고자 하는 이들에게는 더할 나위 없다. JETT가 요르단의 암만과 시리아의 다마스커스(시리아 버스 'Syrian Karnak Bus'가 국경에서 다마스커스까지 연결 운행)를 연결하여 오전 7시, 오후 3시 2회 운행한다. 적어도 48시간 전에 표를 미리 구입해 놓아야 한다. 전체 소요 시간은 약 7시간 정도인데, 국경 혼잡도에 따라 차이가 난다. 시간 여유가 있다면 일반 지역 버스를 활용하여 국경을 넘어올 수도 있다.

택시는 요르단 암만의 압델리 택시 정류장과 시리아의 다마스커스 시리아 카르낙 버스 정류장 사이를 오간다. 암만의 몇 군데 여행사와 택시 조합에서 관리하며, 이용 요금은 거의 비슷하다. 요르단의 이르비드에서 시리아의 다마스커스로 가는 써르비스 택시를 이용하는 방법도 있다.

이라크 국경을 통하여   현재 한국인은 이라크와 요르단을 연결하는 출입국 경로를 이용할 수 없다. 한국 정부의 요청으로 이라크 대사관에서 한국인에 대한 입국비자 발급을 중지하였기 때문이다.

시리아를 통하여   레바논에서 시리아를 경유하여 요르단에 입국할 수도 있다. 육로로 시리아를 경유하여 요르단으로 들어오려면 시리아의 다마스커스와 레바논의 베이루트를, 시리아의 홈스와 레바논의 트리폴리를 연결하는 써르비스를 이용한다.

해로

아카바 만을 통하여   이집트에서 요르단으로 직접 들어

가는 유일한 길은 아카바 만을 통하는 것이다. 아카바 만은 이집트에서 요르단으로 들어오는 유일한 해로다. 먼저 카이로 여행사에서 아카바행 교통편을 활용하면 된다. 요르단 사전 입국비자는 필요 없다. 여객선 내에서 입국비자를 발급받으면 된다. 발급 수수료는 없다.

카이로에서 시나이 반도를 경유하는 버스를 타고 이집트의 항구도시 누웨이바까지, 이곳에서 하루 두 차례 정도 출발하는 카페리로 요르단의 아카바 만으로 이동한다. 페리 소요 시간은 5시간 정도지만 출발 시각이 일정하지 않아서 문제이다.

바닷길을 이용해 요르단에서 이집트로 나가는 길은 누웨이바나 수에즈를 통하는 길이다. 아카바 만에서 시나이 반도를 돌아 수에즈까지 가는 데에는 15시간 정도 소요된다. 요금은 네 개 등급으로 나뉜다. 가장 싼 자리가 대략 20요르단디나르 정도다.

아카바 만에서 카이로로 오는 경우는 카페리 요금 30요르단디나르를 내고 누웨이바로 이동하여 이곳에서 이집트 출국 수속을 받은 다음, 카이로행 버스를 옮겨 타면 된다. 이렇게 요르단의 아카바 만을 출발하여 카이로까지 도착하기 위해서는 15시간 정도 소요된다. 매일 12시와 오후 4시에 운행하는 카페리가 있다. 배 여행에 자신 있거나 홍해의 아름다움을 감상하면서 여유롭게 여행하려는 용기 있는 젊은이들은 모험해 볼 가치가 있다.

간단한 **요르단** 아랍어

공식 언어는 아랍어다. 관광객을 상대하는 장소에는 영어를 구사하는 사람
들이 많으므로, 영어로도 의사소통이 가능하다. 우리나라보다 영어 사용 빈
도가 높다. 하지만 일반인을 상대할 경우에는 간단하게라도 아랍어로 말을
거는 것이 상대방을 움츠러들지 않게 하는 데 좋다.

종교적인 기본 인사는 아랍 공통이지만 일상 회화는 지역에 따라 발음이나
단어가 다른 경우가 많다. 만일 이집트를 들렀다 왔다면 이집트 아랍어를 말
해도 상대방이 대부분 알아듣는다. 요르단 방송에서도 이집트에서 제작한
드라마와 영화를 방영하기 때문이다. (괄호 안에 들어 있는 단어 가운데 앞은 여
성형, 뒤는 복수형을 나타낸다.)

안녕하십니까?: 앗쌀라무 알라이쿰?

아침인사 : 쏴바힐 케이르!

아침인사 응답 : 쏴바힌 누우르 **또는** 쏴바힐 케이르로 받는다.

저녁인사 : 마쌀 케이르?

저녁인사 응답 : 마싸안 누우르 **또는** 마쌀 케이르로 받는다.

안녕(헤어질 때) : 마앗 쌀라마!

어디에?: 웬? **또는** 웨인?

당신은 어디서 오셨나요?: 민 웨인 인테(인티/인투)?

언제?: 임타?

누가?: 미인?

당신은 누구지요?: 미인 인테(인티/인투)?

무엇을 : 슈 **또는** 에쉬

이것이 무엇이지요?: 슈 하다 **혹은** 에쉬 하다?

이름이 무엇입니까?: 슈 이쓰마?

제 이름은 ○○입니다. : 이쓰미 ○○.

왜?: 레이쉬?

얼마예요?: 아데슈?

이것 얼마예요?: 아데슈 하디? **또는** 간단히 아데슈?라고 묻는다.

몇 살이에요?: 아데슈 오므라크(오므리크/오므루쿠).

여보세요! : 마르하바!

감사합니다. : 슈크란.

별말씀을 다하십니다. : 아프완.

예 : 아이와 **또는** (조금 점잖게) 나암

아니요. : 라 (강하게).

오른쪽으로 : 야미인

왼쪽으로 : 앗쉬마알 **혹은** 알 야싸르

곧바로 : 두그리

무엇을 원하십니까? : 슈 빗닥?

나는 ○○을 원합니다. : 빗디 ○○.

산 또는 언덕 : 제벨 **또는** 자발

골짜기 : 와디

시장 : 쑤욱

교통 교차로 : 두와르

하나 : 와하드

찾아보기

사진 설명

18쪽 느보산의 모세 기념교회.
48쪽 암만 구시가지 모습.
84쪽 마다바 모자이크 지도에 나타나 있는
       예루살렘성 부분.
128쪽 길르앗 산지.
164쪽 롯의 아내가 굳어서 된
        소금 기둥이라고 한다.
218쪽 제라쉬(거라사)의 이모저모.
274쪽 사본, 솔로몬은 성전을 건축하면서 이곳에서 그릇을 만들었다.
284쪽 모압 들녘.
302쪽 에돔 산지. 아라바 광야에서
        에돔 산지길(왕의 대로)은 고도 차이가
        1,500m 안팎이나 된다.
324쪽 까스르 엣다리.